4章 歴史の狭間の異端
- 1800系 …… 94
- 2100系 …… 98
- キハ5000／5100系 …… 100

5章 新時代への幕開け
- 2200系 …… 106
- 2220系 …… 116
- 2300系 …… 122
- 2320系 …… 128

6章 大量輸送時代の到来
- 2400系 …… 136
- 2600系 …… 146
- 4000系 …… 152

7章 電機とトフとデト
- 電気機関車 …… 156
- 「トフ」のこと …… 164
- デト1 …… 168

新宿駅の俯瞰。左手が地上時代の京王線新宿駅、その右側が小田急線新宿駅、国鉄新宿駅。小田急線の新宿駅は2面4線の地上ホームだったが、1962年に地下・地上の併用となった。(1961年4月16日、提供：朝日新聞社)

小田急車輛の佳き時代

■趣味対象としての小田急

　小田急は、東京都内を走る部分のほとんどが高架か地下になってしまい、いまや電車を見ようにもワンアームのパンタと屋上機器くらいしか見ることができない。それ以前に、来る車輛はステンレスかそうでないかの違いくらいしか知り得ないほど画一的。人間運搬機などと揶揄されるのが解るほど、機能的にも極限近くになっているようだ。合間に走る特急電車もいつの間にか塗り分けが真っ白になり、いまや連接車ではないローズ・ヴァーミリオン色が駆け抜けて行く。しかし、細かいところまで観察したことはなく、かつて、憧れた「ロマンスカー」の興奮はやってこない。

　もちろん、当時と較べると輸送力は飛躍的に向上し、まちがいなく鉄道としての進化は遂げている。しかし、当時の方が面白かった、と感じるのはなぜだろう。

　それは、キミが歳を重ねたからだよ、と先輩はいうけれどそうではない。われわれにとって若かりし日々は、この電鉄会社にとっても若き佳き時代だった。まだまだ発展途上だったからこそ、ヴァラエティに富み不合理な楽しみが残されていた。最新の電車と旧式な時代の語り部のような車輛がまだまだ元気にモーターの唸り音を上げて走っていた。

　そう、小生にとって鉄道は趣味の対象だったのだ。通学に利用した時期もあった。そのときでも、室内も明るく快適な加速感で走る「新車」よりも、ガーガーと音を立て、ブレーキなのかモーターなの

かなにかが焼けるような匂いを籠らせ、車体を揺らしながら走るクラシカルな電車の方がなぜが楽しかった。歴史を重ねている電車には、いろいろなストーリイが隠っている。雑誌などを読んで、そんなことを知ってくるとよけい興味は増してくる。

模型も好きな小生は、模型をつくりたくなって、たとえば台車だとか床下、屋上などにも目が行くようになった。同じ2220型なのに台車の異なる2217+2218編成に興味がわいた。繊細な顔つきの1700系第3編成や2300型は文句なく格好よかった。

いろいろ知るにつけ、ますます興味を募らせていく。もちろん、自転車で線路端まで行かれる身近かな存在であったこともあって、いつしか、ふと思い立ったらカメラを持って出掛けるようになっていた。そんな写真を、撮ってから半世紀を経て眺め直してみることになった。たとえ鮮明でなかったとしても、そこに浮かび上がってくる車輛からは、いろいろな思いが蘇ってくる。

いい時代だったなあ。懐かしさとともに写っている車輛が語りかけてくるような思いに駆られて、飽きることなく写真を繰っていく。そんなことの果てに、本書はまとめられたのであった。

■小田急で趣味をはじめる

趣味をはじめたころ、鉄道雑誌を読み漁って知識を蓄えようとしていた時期、知識はそれなりに身に付くのだけれど、どこか満たされない思いがあった。

あるとき気付いたのだが、どうやら車輛に対する観点が大いに異なっている。雑誌に寄稿されて

多摩川の橋りょうは絶好の撮影ポイント。鉄橋を渡る1700系はアルミサッシ付で幅広の側窓が綺麗だ。佳き時代の代表的シーン。(1961年4月、和泉多摩川〜登戸間)

いる方の多くはその鉄道に勤めておられる方であったり、専門の技術者であったりしたのだから、なるほど見方が違うのは当然であった。そうやって考えると、鉄道模型誌に載った実物記事というのが、一番当を得ていて面白かったのがなるほど合点がいったのだ。

つまり、新たなヴァーニア制御が導入されて…ということよりも、なぜこの窓の大きさだけが少し狭くされているのだろう、なぜ編成の前と後で前照灯が二灯式と一灯式で違うのだろう、というようなことの方がよほど興味深いのである。同じ型式の筈なのに、どうしてこうも違う仕様なのか、逆にほとんど同じに見えるのになんで違う型式になっているのか、ということも気になってきた。

そうすると、その車輛の生まれ成り立ち、のちのちの変遷に興味がいく。

趣味人はアマノジャクな部分が多い。主力になっている量産車よりも、その試作のようにしてつくられた一編成の方が興味深かったりする。陽の当らないものにスポットを当ててみたくなる。

鉄道会社とすれば、すべてをひとつの型式にして運用すれば最高に合理的で経済的になるに違いない。ところがそれは趣味的にはまったくつまらない。新幹線が走りはじめようとしたころ、これは鉄道趣味の対象にはならない、と嘆いた先輩がいたが、窓も開かないまったく同じ車輛が行き来するだけの新幹線に面白みが見出せにくいのは想像に難くない。

閑話休題、やはり趣味は混沌のなかに生まれやすい。幸いなことにその時代に趣味を覚え、未熟ながら線路端に足を運んでは写真を撮りはじめた。機材だって、いまとは較べようもない最低限のハーフサイズ・カメラと惜しみ惜しみ使うフィルムだ。当時、ディジタルの高性能カメラと機動力のあるクルマを自由に使えていたら…、などというのは繰りごとに過ぎない。それだけ条件が整っていたら、果たして身近かを走っていた電車になど興味を持ったりしなかったに決まっている。

　モーシワケナイほどの画質の写真もあるのだが、そこに写り込んでいる車輌はとても面白く興味深い。それは、趣味的には「あり」だと思う。その気持ちで旧い旧いネガを掘り起こしてみた。

わー、どうしてもっと撮っておかなかったのだろう、どうして反対側も撮影しなかったのだろう、いつも思うことである。「防犯カメラ」のようにずーっと撮りっ放して必要な部分だけを使う、のではない。自分の興味が向いたものだけをフィルムを倹約しながら撮影する。限られたフィルムは、そのまま限られた時間でもあり、結局は…、いやそれ以前に限られることがなにもなかったら趣味など生まれようもない。

■**1960年代の小田急は面白かった**

　具体的に佳き時代、つまりは本書で採り上げる時代の小田急電車を紹介しておこう。

　小田急の顔、というべき「ロマンスカー」は、

小田急の1960年代は古豪の1400系と新しい「卸花車」とが混在する面白い時代だった。（1954年12月、東北沢駅）

1957年に登場した「SE車」3000系と1963年に加わった「NSE車」こと3100系とが走っていた。「SE車」はスーパー・エクスプレス（Super Express）、「NSE車」はNew SEということだ。画期的な高速特急電車として登場した連接8車体の3000系は、ひとつ小田急だけでなくわが国の鉄道車輌史上でもエポックとなる存在であった。「NSE車」も負けてはならじと二階運転台＋前面展望席を売り物に颯爽と姿を現わした。11車体連接、列車の全長も「SE車」の108mから144.5mに増え、定員も348名から464名にアップした。

　1960年代は、ちょうど通勤の大量輸送時代へと大きく転換しようとしていた時期。その中心となったのが「HE車」以後の量産車輌だ。2400系にはじまり、「NHE車」2600系、それに準じた車体で旧型電車の部品を使用した4000系といった面々。まだ5000系すら登場前だ。みんな同じ顔つきで、このシリーズだけだったら趣味的には味気なかったにちがいないのだが、幸いなことにまだ茶色く塗られたオールドタイマーもしっかり残って活躍をみせていた。

　1100系（もちろん初代の話）〜1400系というのは、小田急が小田原急行鉄道として1927年の開業から間なしに用意されたものである。開業当初の1型、100系（101型、121型、131型）がそれぞれ1100系、1200系に、少し遅れて増備された151型が1300系、江ノ島線開業時に導入の201型が1400系となった。長距離の電鉄会社であったことを反影してか、荷物室付のモハニとしてつくられたもの、またセミ・クロスシートのものなどヴァラエティがあったが、1960年代には1100系は荷物電車のデニ1100になったほかは、更新を受け2ドア、ロングシートの一群として、まだまだ現役で活躍中であった。

　具体的に1950年代に更新工事を受けた時点で、1200系がデハ1200の2連×9本の18輌、1300系は両運転台のままで4輌（内1輌はもとデハ1400型からの改造編入）、1400系がデハ1400＋クハ1450の2連×16本の32輌が残っていた。更新工事対象外となった1100系はデニ1101を1輌残して、1950年代に姿を消していた。

　この旧型車の一群と「HE車」との間にも新旧の車輌がある。旧い方は早々に淘汰され、新しい方は「HE車」に準じて更新されていく途上、といった時期であったが、かつて「ロマンスカー」として活躍したものが「通勤型」に格下げされていく過程が見られた時代でもあった。旧新に分けると1600系、1700系，1900系、2100系のグループ、2200系、2220系、2300系、2320系のグループだ。そして、このどれにも属さない異色の存在として、もと国鉄電車の1800系も忘れられない。

　これに電気機関車が貨物列車を牽いて走っていたり、なんとディーゼルカーまで走っていたのだから、佳き時代の小田急はやはり面白かった、といま思い返してもつくづく感じ入るのである。

多摩川橋りょうを渡る3000系「はこね」号。車掌室ドアの窓も開け放たれている。（1963年5月、和泉多摩川〜登戸間）

■「ロマンスカー」は時代の象徴

先にも述べたように「ロマンスカー」は小田急のひとつの顔というものだ。1957年の「SE車」3000系以来、登場するたびに大きな話題を提供してくれ、それはこんにちまでつづいている。「SE車」はスーパー・エクスプレス(Super Express)からきているものだが、それ以降もネーミングが体を表わすが如きに工夫されているのが面白い。さすが、看板列車というところだ。

二代目にあたる3100系は「NSE車」はNew SE。それにつづき1980年に登場した三代目は「LSE車」、ラグジュアリSEを主張した。型式名も7000系と一気に飛んでいる。

1987年に「HiSE車」10000系が登場。先頭部分の傾斜角度が一段と大きく53°、運転席部分が30°とされた。ちなみに7000系の先頭部分の傾斜角度42°、運転席部分が45°であった。そして一番の特徴として、客室フロアをレール面から1510mmとハイデッキにしたことが挙げられる。これは「LSE車」よりも410mm高くなった。それ以外にもハイパフォーマンスだとかハイクウォリティだとか、いろいろいわれるが、個有の愛称としてはハイデッキ以外にあるまい。

しばらくは話題にならなかった「ロマンスカー」、その間に通勤電車や路線の充実、はたまた20000系「RSE車」や「MSE車」が登場していたのだがどちらもロマンスカーとはいい難いものだった。ようやく2005年に登場してきた五代目はそれまでのイメージを一変させていた。一車体の全長を長く採って10車体連接としたこと、などというスペックよりも、エッジの立ったスタイリングにシルキイ・ホワイトに赤帯一本のカラーリングを見れば、時代が変わっていることを否応なく思い知らされたようなものだ。赤いサイド・ラインは初代「SE車」以来の伝統のオレンジ・ヴァーミリオン…。などといわれても、そこにかつての面影を感じることはなかった。

型式は50000系、愛称は「VSE車」、ヴォールトSEということば、即座にイメージは湧くまい。vaultedがアーチ型、ドーム型、つまりは採用されたドームからの天井に由来するのだった。

そして、最新の「GSE車」70000系は、一転して深紅のロマンスカー。ローズ・ヴァーミリオン色からグレイスフル、優雅なSEという。気付けば、小田急ロマンスカーの伝統であった連接式ではなくなってしまっている。これも、「ホームドア」採用の合理化ゆえ、と訊いてしまえば、なんだか味気なさを感じてしまうのだ。

ロマンスカーの移り変わりは、そのまま小田急電鉄全体への趣味的推移を表わしているようでもある。決して昔はよかった、と礼賛するだけのつもりはない。しかし…、突き詰めて考えてみれば、趣味というものがそういう感性、味覚に対する興味だとすれば、移り変わるからこそ面白かった、ということにもなるというわけだ。

3000系「SE車」(1957年〜)

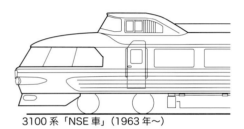

3100系「NSE車」(1963年〜)

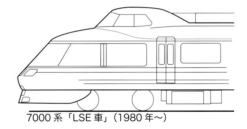

7000系「LSE車」(1980年〜)

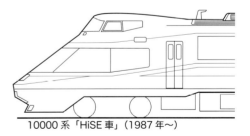

10000系「HiSE車」(1987年〜)

50000系「VSE車」(2005年〜)

小田急線の列車の一部は箱根湯本まで乗り入れていたものの、小田原駅は箱根登山鉄道との乗換駅でもあった。(1971年9月、小田原駅)

1章
憧れのロマンスカー

Chapter.1 ▶

3000系「SE車」
3000系「SSE車」
3100系「NSE車」

3000系「SE車」

　特急ではなくてスーパー・エクプレス、すなわち「SE車」と呼ぶあたりから、すでに群を抜いて垢抜けていた。いま思い返して、つくづく「SE車」の先進性を思わされたりする。

　先にも書いたけれど、小田急という一私鉄にとってだけでなく、わが国全体の鉄道車輌史上でも記憶にとどめておくべき画期的な電車であった。そのようなエポックメイキングなものの誕生には物語が潜んでいることが往々にしてあるものだが、その通り、ひとりの人物と社会の機運とが絡むストーリイがあった。戦後間もなくから小田急の担当重役の要職にあった山本利三郎（1899～1982年）さんはもと鉄道省におり、1948年に東急から小田急に移ってきた。氏が中心となって画期的な特急が生み出された過程の一端が、社内におられた生方良雄さんによって記されている（「鉄道ファン」誌386号：交友社、1993年）。

　彼の発想の原点はスペインの「タルゴ」だった。一軸台車による連接車である。「連接車」「軽量車体」「高速走行」がテーマとしてあげられ、それを実現するために国鉄との共同開発、東大航空研究所で風洞実験などが行なわれた。山本さんにとって知己であった島秀雄さんの協力は大きなものであった。鉄道人である島さんにすれば、大組織の国鉄でできなかったことが、私鉄で実現できるという側面もあった、という。1957年9月20日から国鉄線上で高速を含む数々の走行試験が実施され、145km/hの速度記録を打立てたことは、「国鉄内部に対する大きなプロパガンダ」になったはずだ。新幹線実現にも、大きなものを提供してくれた、という。

　1957年10月1日に華々しいデビュウを飾った3000系「SE車」には、数々の新機軸が盛り込まれていた。低く流線型の8車体の連接車。シャシーを軽減し、車体のリヴで強度を確保する構造を採用し、2300系に較べ30％もの軽量化（1.93t/m→1.36t/m）が実現された。直角カルダン・ドライヴ、初のディスク・ブレーキ車、初のシールドビーム前照灯採用など、挙げればきりがないほどだ。

　そしてもうひとつ、山本語録がある。「先端に立つ車輌は耐用10年でいい。技術進化にともないどんどん新車開発をする方が全体の進歩につながる」と。

　しかしそのことばとは裏腹に、1963年に後継たる「NSE車」登場後も活躍はつづく。1968年には御殿場線電化に伴い、乗り入れ用の車輌として5連化、「SSE車」となって、実働は1992年にまで及んだ。10年どころか、35年の長寿を保ったことになる。

　「SE車」についてはいくつもの思い出がある。子どもの頃の純粋な憧れ対象でもあったし、毎夜のように耳を澄ませば遠くにオルゴール（補助警笛）音も聴こえた。沿線で写真を撮っただけでなく、実際に乗車したりもした。

　まだ小学生の夏休みのこと、ほとんど「ロマンスカー」に乗るのを目的に箱根に連れて行ってもらったことがある。まあ、興奮したことしたこと。席にじっと座ってなぞいられるはずもなく、窓から外を眺め、カメラを持ってあちこち歩き回ったのが、いまとなっては貴重な写真になっていたりするから面白い。夏のこと、まだエアコンも付いていない、窓を開け放った車内のようすなど、いっぱしのカメラマンを気取って撮った当時の心持ちまで蘇ってくる。

夏のこととて、ほとんどの窓が開いているロマンスカー3000系の室内。

8号車の車内には「ブルーリボン賞」のプレートもあった。

箱根湯本駅に到着する。

大きく開いた窓から、流れゆく景色や先頭部分を覗いたり…。楽しく興奮しっぱなしの時間であった。

ガラス越しに先頭部分を覗く。運転室ドアの三角窓も全開だ。

こんなこともあった。1961年4月の或る日ことであった。経堂の車庫脇の側線にシートのかけられた3000系がいた。なにごとか、近寄ってみると前部を中破した「SE車」の姿であった。カメラを持った小学生には目も呉れず、シートを剥がし、検証を行なう人たち。残念ながら、どこでどういう事故であったのかは判然としないのだが、おおらかな時代であったことはこの数点の写真からも想像できることだ。

1961年4月の或る日こと、経堂の車庫脇の側線で遭遇した3000系の事故車。前のガラスも割れ、サイドにも傷痕がついていた。（1961年4月、経堂車庫）

　まったくの趣味活動なのだが、1968年6月に途中駅停車の特急「さがみ」が運転されることを知り、ふと思いついて新宿駅の切符売り場へ。お目当ては「さがみ」の一番切符。乗らないでコレクションのため、などと説明して座席指定券だけを売ってもらったことを思いだした。そんなマニアックな切符収集家ではないのだが、まあ、好きな3000系のこと、なにかの記念にと買いに走ったのだった。

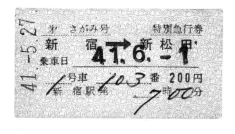

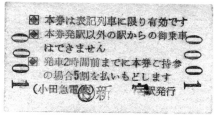

ふとした思いつきで手に入れた「一番切符」。特急「さがみ」運転開始のものだ。（1966年6月）

簡易連結器を装着して走る3000系「はこね」号。(1964年10月、成城学園前付近?)

オルゴール音が聞こえたと思ったら、新設特急「さがみ」だった。(1966年6月、成城学園前駅)

多摩川を渡るロマンスカー。乗った時の興奮が甦ってきたりした。(1963年2月、和泉多摩川〜登戸間)

3000系ロマンスカーの特急「あしがら」。新宿目指して快走した。(1964年12月、千歳船橋付近)

なんでも3000系に冷房が付いたと聞いて、経堂車庫に行ってみたら脇の側線に3021編成がいた。中が3026、下が3025だが、車端部分の床に冷房装置が据えられていた。(1964年10月、経堂車庫)

3000系「えのしま」号。多摩川橋りょうを渡り、西へと走る。「HE車」との車体断面の違いがよく解る(1966年5月、登戸駅)

新宿を目指して登戸に向かう登り勾配を駆ける3000系「えのしま」号。スカート部分のタイフォン用丸孔が他車と異なっている。(1966年3月、登戸〜向ヶ丘遊園間)

「NSE車」の登場後は「えのしま」として走ることが多くなった。夕暮れ時を走る。(1967年7月、経堂付近)

3000系「SSE車」

　1968年に御殿場線電化を控え、「SE車」は更新工事の上8車体から5車体連接に組み替えることとなる。ショートSEこと「SSE車」の誕生である。8車体×4本、32車体だったものを5車体×6本にするための工事が行なわれた。つまり中間車4車体に運転台が新設され、2車体が廃車になった。工事は日本車輌で行なわれ、22車体が改番されて3001〜3005、3011〜3015…3051〜3055と揃えられた。3号車は両台車とも付随台車となったことから、型式はサハ3000型になった。

　1968年7月から「えのしま」「さがみ」に加え御殿場線乗入れ準急「あさぎり」として走りはじめる。その年の10月、いわゆる国鉄の「よん・さん・とお」ダイヤ改正で準急は急行に格上げになっている。

　カヴァに覆われた前部連結器を中心に、バンパー状のボード左右に広がった前照灯などによって迫力を増した顔つきになり、ヘッドサインも組込み式となるなど、印象は大いに変わった。冷房装置も屋上設置となる。

3000系「SSE車」の御殿場直通急行「あさぎり」。国鉄の列車種別改訂があって、もうこの時点では急行列車に格上げされていた。(1969年6月、経堂付近)

ちょっと6×6判カメラで流し撮りなど試みた写真。練習のつもりで撮った写真も、いまや貴重だ。3000系「SSE車」(1971年1月、経堂付近)

上り「さがみ」号が相模大野駅を発車していく。途中停車の特急「さがみ」は3000系「SSE車」の受持ちだった。(1968年7月、相模大野駅)

「すずかぜ」号としても使用されていた3000系「SSE車」。標識灯を含め4灯ものライトを輝かせる、新しい3000系の顔だ。(1968年7月、相模大野駅)

本来の5連化の目的であった御殿場準急「あさぎり」として走る、デビュウ間なしの3000系「SSE車」。(1968年7月、相模大野~小田急相模原間)

「さがみ」号 3000系「SSE車」。5車体になって、全長は70mあまりになったから、4連の通勤電車ほどの長さだった。(1969年6月、経堂付近)

3100系「NSE車」

　新しい(New)「SE車」として、1963年に登場してきたのが3100系「NSE車」である。特徴はなんといっても二階に上がった運転台と前面展望席だ。先の「ロマンスカー」は人気のうちに、輸送力不足をも訴えられていた。そこで、全長140m、11車体連接として25％ほどの定員増を実現した。

　二階式運転台というと、前後して鮮烈なデビュウを飾っていた名古屋鉄道の「パノラマカー」こと7000系が話題になっていたことから、どうしても比較してみたくなる。スカーレット一色、直線中心の尖鋭なスタイリングだった7000系に対して、小田急の3100系「NSE車」は丸みのあるソフトな印象。それには白帯も使った塗色も影響しているに違いない。

　11車体となったことから3101～3111、3021～3131…というようなナンバリングとなり、1967年までに7編成がつくられたことから、最終の第7編成は3221～3231となっている。

1963年3月から運転を開始した「NSE車」を撮ろうと線路端に出掛けた。「SE車」をはじめ何本もの列車が行き過ぎるなか、ようやく3100系の「はこね」号が登場した。(1963年5月、千歳船橋付近)

「NSE車」の魅力はなんといっても前面展望席だ。客室の窓の曲面と運転席窓の直線的な処理の違いがよく解る角度。(1969年6月、千歳船橋付近)

「HE車」の各駅停車を「NSE車」の特急「はこね」が追い抜いていく。格好よいなあ。(1966年5月、東北沢駅)

特急「あしのこ」のヘッドマークをかざして走る「NSE車」3100系。タタンタタンという連接車独特のジョイント音を残して、走り過ぎていった。(1964年11月、梅ケ丘付近)

多摩川の橋りょうを渡って、西下していく3100系特急「はこね」。11車体で、パンタグラフは4艇が備わっていた。(1964年12月、登戸駅)

新宿目指して快走する3100系特急「はこね」。のちに車輛基地のできる場所だが、停められているバスや乗用車の姿が時代がかっている。この後、「小田急成城テニスガーデン」というテニスコートになり、さらにその後、1994年に喜多見検車区になるのだ。(1971年11月、成城学園前〜喜多見間)

「箱根特急」は小田原から先、箱根登山鉄道に乗入れて箱根湯本まで走っていた。小田原〜箱根湯本間は三線式になっており、複雑な三線式のポイントをロマンスカーが通過していくなど面白く珍しい情景が見られた。現在はこの区間は小田急のみが走るようになっている。(1971年2月、箱根板橋)

雪が降った日、小田急線を撮りに走った。跨線橋から特急の来るのを待っていると、ちょうど通勤電車とすれ違うシーンが撮影できた。運転席の窓下に標識灯が光っている。(1965年1月、千歳船橋)

箱根板橋駅での箱根登山鉄道と「NSE車」の交換。(1971年2月、箱根板橋)

こうやって中望遠レンズで11車体連接の「NSE車」を見ると、やはり編成美というか美しい走りが想像できる。展望室屋根の取り回しや運転席の窓の表情など、設計の工夫のあとが想像される。(1967年10月、経堂付近)

写真中央が小田急線の新町田駅(現・町田駅)、その下が移設前の国鉄横浜線の原町田駅(現・町田駅)。1980年に国鉄の原町田駅が小田急線側に移設し、駅名を「町田駅」に改称した。(1963年3月7日、提供:朝日新聞社)

厚木市の上空から相模川に沿った厚木市(写真左側)と海老名市(右側)を撮影。写真中央左手が小田急線の本厚木駅付近。(1962年12月8日、提供:朝日新聞社)

小田急電鉄　デハ3000型5車体連接電動客車

デハ3301、　　5輛
　　3021、
　　3031、
　　3041、
　　3051

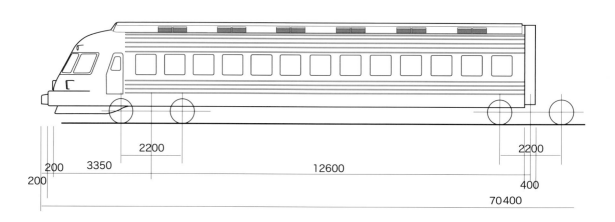

製造初年 ········ 昭和32年
製造所　 ········ 日本車輛、川崎車輛
改造初年 ········ 昭和42年

定員　 ········ 52人（座席52人）
自重　 ········ 113.5 t（編成）
台車　 ········ KD-17（M）、KD-18（T）
電動機 ········ TDK-806/1-A × 8（編成）
　　　　　　　　（平行カルダン）

小田急電鉄　デハ3000型5車体連接電動客車

デハ3302、　5輌
　　3022、
　　3032,
　　3042、
　　3052

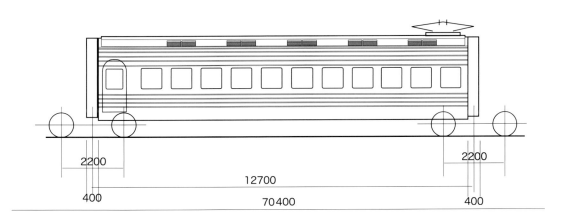

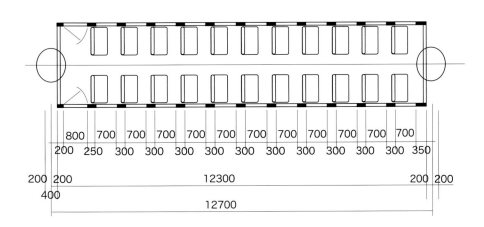

製造初年 ‥‥‥‥ 昭和32年　　　　　　　定員　‥‥‥‥ 44人（座席44人）
製造所　 ‥‥‥‥ 日本車輌、川崎車輌　　自重　‥‥‥‥ 113.5 t（編成）
改造初年 ‥‥‥‥ 昭和42年　　　　　　　台車　‥‥‥‥ KD-17（M）、KD-18（T）
　　　　　　　　　　　　　　　　　　　　電動機 ‥‥‥‥ TDK-806/1-A×8（編成）
　　　　　　　　　　　　　　　　　　　　　　　　　　　　（平行カルダン）

小田急電鉄　デハ3000型5車体連接電動客車

デハ3303、　　5輛
　　3023、
　　3033,
　　3043、
　　3053

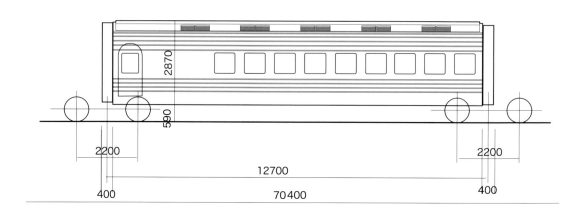

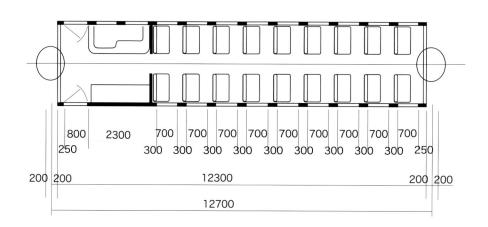

製造初年 ‥‥‥‥ 昭和32年
製造所 ‥‥‥‥ 日本車輌、川崎車輌
改造初年 ‥‥‥‥ 昭和42年

定員 ‥‥‥‥ 36人（座席36人）
自重 ‥‥‥‥ 113.5 t（編成）
台車 ‥‥‥‥ KD-17（M）、KD-18（T）
電動機 ‥‥‥‥ TDK-806/1-A × 8（編成）
　　　　　　　（平行カルダン）

小田急電鉄　デハ3000型5車体連接電動客車

デハ3304、　　5輛
　　3024、
　　3034,
　　3044、
　　3054

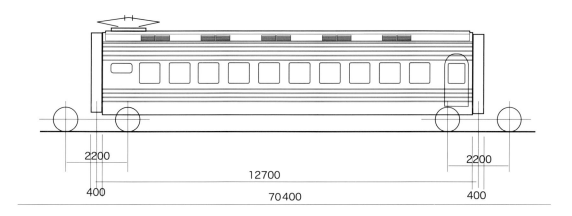

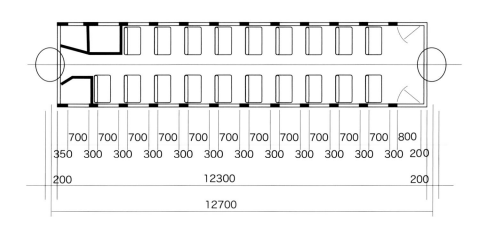

製造初年 ……… 昭和32年	定員 ……… 38人（座席38人）
製造所 ……… 日本車輛、川崎車輛	自重 ……… 113.5 t（編成）
改造初年 ……… 昭和42年	台車 ……… KD-17（M）、KD-18（T）
	電動機 ……… TDK-806/1-A × 8（編成）
	（平行カルダン）

小田急電鉄　デハ3000型5車体連接電動客車

デハ3305、　5輌
　　3025、
　　3035,
　　3045、
　　3055

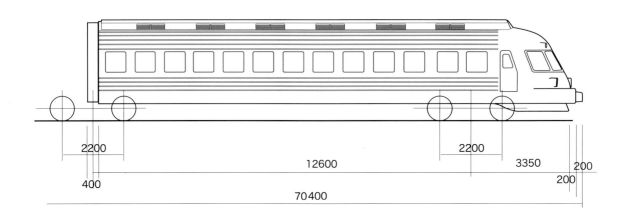

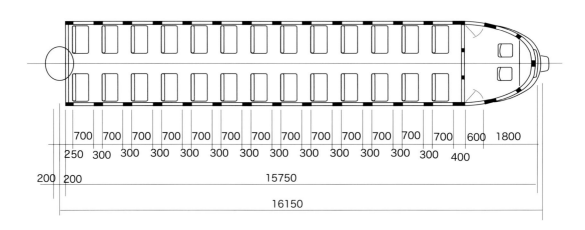

製造初年　………　昭和32年
製造所　………　日本車輌、川崎車輌
改造初年　………　昭和42年

定員　………　52人（座席52人）
自重　………　113.5 t（編成）
台車　………　KD-17（M）、KD-18（T）
電動機　………　TDK-806/1-A × 8（編成）
　　　　　　　（平行カルダン）

2章
昭和初期の古豪たち

Chapter.2 ▶

1200系、1400系

1300系

デユニ1000 →デニ1000、デニ1100

そもそも小田急は1927年に小田原急行鉄道として開業したときに…、という話からはじめなくてはならないほど、長い歴史を経てきた電車がまだその姿をとどめていた。そのことひとつとっても、いかに1960年代が佳き時代であったか、というものなのだが、イエロウとブルウに塗り分けられた新車に混じって、茶色く塗られモーター音を唸らせて走る、薄暗い室内の一群が懐かしい。

　当初、新宿〜小田原間を走りはじめたときに用意されたのが1型18輛、101型12輛の計30輛。日本車輛製で、1型は15m級、両運転台ロングシートだったが、さすが長距離の電鉄会社だ、101型は16m級で荷物室、トイレ付、セミ・クロスシートでモハニ101〜の番号が付けられていた。

　少し遅れて、121型、131型が各3輛、151型が5輛増備されている。基本的には先の101型に準じたものとされ、増備の三型式は、121型が両運転台、セミ・クロスシート、131型は荷物室付のモハニ131〜で、シートはロングシート。151型は他型式よりも広い荷物室を持ち、荷物扉を持っていたことから、別型式となった。増備の11輛は藤永田造船所の製造である。

　これらは戦後になって小田急電鉄になり、型式が整理された時点では、1型で残った9輛がデハ1101〜1109に、101〜131型の三型式はすべて荷物室などが撤去されてデハ1201〜1218、151型がデハ1301〜1305となっていた。

　これとは別に1929年、江ノ島線の開通時に201型、501型、551型が増備されている。後二者は片運転台で、551型は制御車（クハ）であった。これらは増備がつづいたりして、総勢35輛という大世帯になった。小田急電鉄になったのち、更新工事などを受けた時点では、クハ→デハ改造なども行なわれ、各16輛ずつデハ1401〜1416、クハ1451〜1466に揃えられた。

　残るデハ1200型、デハ1300型も1950年代に相次いで更新工事を受け、1960年代も最後の活躍を見せていた。更新対象から外れたデハ1100型は早々にモニ1101に改造された1輛を除いて、1950年代には姿を消した。

1200系

　1950年に改番され、デハ1200型となった面々も1956〜1957年に東急車輛で更新工事を受け、前面フラット、貫通ドア付、片運転台化、ドア拡大914mm→100mmといった姿になっていた。このとき奇数を新宿、偶数を小田原向きに揃えて2輛固定編成化。さらには、1959年にクハ化したクハ1250型を加えて、3輛編成×11本、4輛編成×2本とされた。

　更新前だったろうか、車内放送の設備もなく、パイプで仕切られた運転台から車掌が大声で駅名などを叫んでいたのを微かに憶えている。1967〜68年にモーターを4000系に譲り渡して廃車となった。

1400系

　デハ1400が新宿向きでクハ1450と組んで2連×16本がまだまだ現役で頑張っていた。更新工事によって、似た顔つきの2ドアに統一されているが、1200系がかつてセミ・クロスシートだったときの窓割りの関係か、ドア間の窓が2-3-2という配列なのに対し、1400系は8連の狭窓がつづいているのが特徴。

　1200系と組んだりしながら、基本4連で頑張っていた姿は強い印象となって残っている。

1200系と1400系の違いが解る2枚。ドア間の窓割りが1200系が2-3-2と不等間隔であるのに対し、1400系は8連の窓がズラリと並ぶ。更新工事後は仕様がよく合わせられているが、クハとデハの台車のちがいなど興味深い。（1964年12月、千歳船橋付近）

音だけで違いの解る「昭和の古豪」。1400＋1200系の4連。（1964年9月、千歳船橋付近）

1200系と1400系との混成4輛編成が新宿を目指して走り去っていく。すでに行先板は方向幕になっている。（1964年9月、千歳船橋付近）

1211+1212が1400系と組んで走る3M1Tの4輛編成の各駅停車が、急行列車のあとを追いかけて新宿を目指す。
(1966年2月、成城学園前)

新宿～向ヶ丘遊園間の各駅停車は1204+1205+1451+1401の編成であった。短い車体の4輌編成にパンタが3艇というのはなかなか壮観だ。（1966年7月、登戸駅）

新宿側から1217+1257+1258+1218の4輌編成。新宿～相模大野間の各駅停車として、モーター音を唸らせていた。ドア部分にステップが設けられているのに注目。（1966年6月、登戸駅）

1204を先頭にした1200系＋1400系の3M1T。（1966年7月、登戸駅）

1200系で統一された4連。先頭は1218の2M2T編成だ。（1966年6月、登戸駅）

江ノ島行の各駅停車に就くクハ1462＋デハ1200型2輌の3輌編成。(1968年6月、相模大野駅)

1960年代、「昭和初期の古豪」はまだまだ全線で活躍をみせていた。本厚木行のデハ1211。狭い車体で、プラットフォームとの間にかなり隙間があるのが解る。（1968年6月、相模大野駅）

1300系

　同じく「昭和初期の古豪」なのではあるが、1960年代においては、1300系のみ少し違うポジションにあった。当初5輛つくられた同型車だったが、1950年代に2輛がクハ化されてデハ1301〜1303の3輛が残っていた。1950年代末には更新工事を受けるのだが、その時点ででは1400型だった1輛が同様の工事を受け、1304となり総勢4輛となった。

　その更新工事というのが注目で、他の1200、1400系などと違い、両運転台のまま残され、ドアは1500mm幅の両開き、アルミサッシ二段上昇式窓という近代的な出立ちにされたのである。ときに1200系などと組んで走ったり、1300系だけの3連で走ったりしたが、その大きなドアを利点として荷電の代用になったり、駅売店用の新聞輸送に使われたりもした。

　考えようによっては、贅沢な荷電というもの。不燃車で、アルミサッシで、両開きドアにディスクブレーキまで備えて、しかもオールMの3連だったりしたら。そんなに大量の新聞を運んだのだろうか？　などといいながらもみごとな編成に感心したりしたのだった。

　1969年には全車デニ1300に改造されて荷物専用となった。

新聞輸送として走る1302。いつも何輛かで走ることが多く、単行はめずらしかった。（1963年1月、千歳船橋付近）

1300系の3連回送。オールM、3艇パンタでモーター音も勇ましい。それにしても、線路内を平気で歩く人って…。そういう時代だった。
(1964年9月、千歳船橋付近)

経堂の留置線でひときわ綺麗だったのがアルミサッシの1304。(1961年4月、経堂)

荷物電車も相模大野駅で分割併合が行なわれたりした。荷電代用の1303とデユニ1000との連結シーン。(1968年6月、相模大野駅)

荷物電車として相模大野駅に到着した1303。(1968年6月、相模大野駅)

小田急電鉄　デニ1300型 電動荷物車

デハ1301〜1304　　4輌

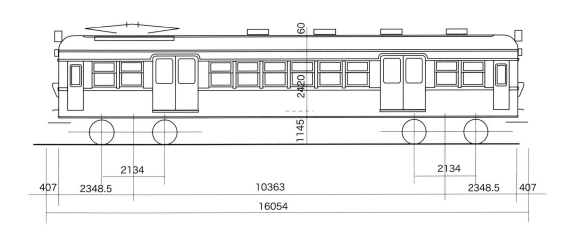

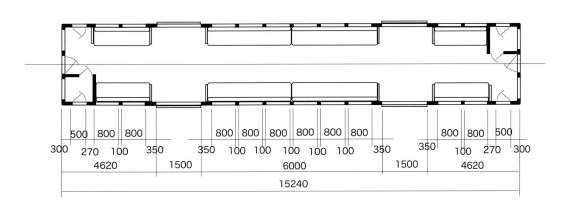

製造初年 ………	昭和2年		荷物室 ………	54.8m3（荷重9.0 t）
製造所 ………	藤永田造船		自重 ………	35.5 t
改造初年 ………	昭和34年		台車 ………	KS-31L
			電動機 ………	MB-416-AR × 4
				（ツリカケ式）

デユニ1000→デニ1000

　小田原急行鉄道時代、創業初期の生き残りとして、デユニ1000型2輌があった。1927年11月に日本車輌で4輌の荷物電車がつくられたが、モニ3、4にはのちに郵便室を設けてモユニ1、2となった。残ったモニ1、2は戦前のうちに廃車になっている。

　小田急になってからはデユニ1000型1001、1002として残り、荷物輸送、郵便輸送に使用された。もともと13m級の小型車輌だったことから、1960年に更新工事が行なわれた際、余剰となっていたもとデハ1501、クハ1551の車体を改造して利用、ひと回り大型化された。タネ車のちがいで、1001と1002では全長など諸元は微妙に異なっている。

　グリーンに黄帯という出立ちで、かつては新宿〜小田原、江ノ島、経堂〜小田原間などで走り、小田原では国鉄との連絡輸送もしていた。

　その後、1971年に郵便業務を廃止したことから郵便室廃止、デニ1000型1001、1002になった。それでも長寿を保ち、

　デニ1002が1976年、デニ1001は1984年までその姿を見ることができた。

デニ1100

　1958年にデハ1101を改造してつくられたデニ1100型1101だったが、残っていた1100系が早々に廃車になったり他社譲渡されたのちも、創業時からの唯一の生き残りとして活躍をつづけた。廃車は1976年10月のことであった。

デニ1101と重連で走るデユニ1001。グリーンに黄帯の塗色であった。千歳船橋のこのあたりの情景は大きく変化したが、絶好の撮影ポイントであった。（1963年1月、千歳船橋～祖師ケ谷大蔵間）

かつて経堂駅の新宿側にあった貨物駅。そこで荷受けをしているデユニ1002。写真の奥側が郵便室。それにしても、セメント袋などがつまれているが、中味はなんだったのだろう。(1961年4月、経堂貨物駅)

運転席窓部分がHゴム支持になったデニ1101。中央のドアは両開きの荷物ドアになっているが、全体の印象は小型両運電車のようだ。（1968年6月、千歳船橋駅）

デユニ1002+デニ1101の荷物列車がやってきた。元京王のデユニともと小田原急行鉄道からのデニ、顔つきも違う2輛が仲良く重連で走る。（1968年12月、千歳船橋付近）

1000型と重連で走る荷物電車1101。緑に黄色の帯だから、遠くからでもその存在が解った。（1968年12月、千歳船橋付近）

1200系電車と組んで、回送列車として多摩川橋りょうを渡る。グリーン塗色と茶色塗色の混成で、デニ1101の方が目立っていた。
（1963年2月、和泉多摩川～登戸間）

デユニ1002の顔つきを見て、どこか京王帝都の電車を思い浮かべるが、それもそのはず、もともとは井の頭線用につくられ、大東急を経て小田急にやってきた1500系の車体を改造してデユニ1000型が更新されたのだから。デニ1001と手をつないで走る荷物電車。
（1967年10月、成城学園前駅）

小田急電鉄　デニ 1000 型 電動荷物車

デニ 1001　　1 輛

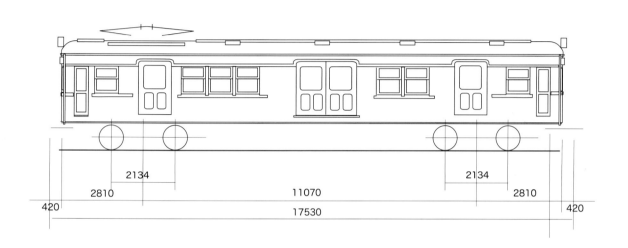

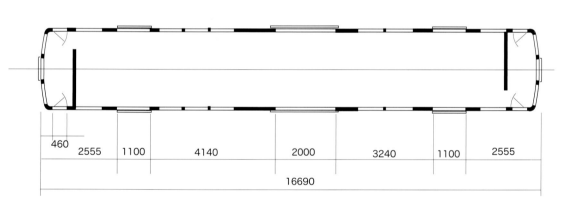

製造初年 ……… 昭和 2 年
製造所　 ……… 日本車輛
改造年　 ……… 昭和 36 年

荷重　　 ……… 11.0 t
自重　　 ……… 36.2 t
台車　　 ……… KS-31L
電動機　 ……… MB-416-AR × 4
　　　　　　　（ツリカケ式）

小田急電鉄　デニ1100型 電動荷物車

デニ1101　　1輌

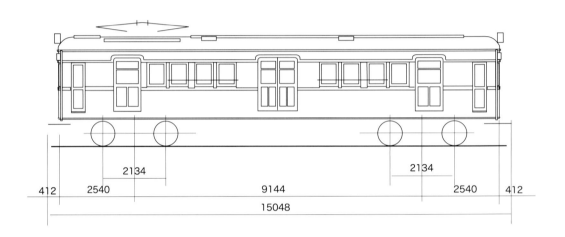

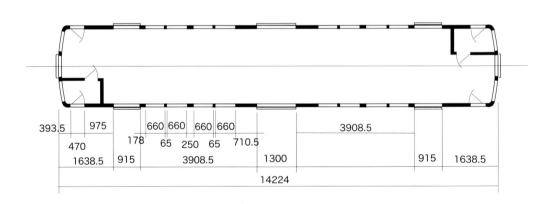

製造初年 ……… 昭和2年
製造所 ……… 日本車輌
改造初年 ……… 昭和33年

定員 ……… 10.0 t
自重 ……… 31.2 t
台車 ……… KS-31L
電動機 ……… MB-416-AR × 4
　　　　　　　（ツリカケ式）

3章
小田急スタイルの先駆け

Chapter.3 ▶

1600系
1700系
1900系

1600系

　デハ1600型は戦前型の電車として、資材不足のなか1942〜43年にデハ1601〜1610の10輌が川崎車輛でつくられた。もっともこの時点では「大東急」の一部で、小田急に分離後、デハ1600+クハ1650+デハ1600の3連で使われたりしたというが、1950年代前半のうちにデハ1600+クハ1650の2連に統一された。クハ1650は出自がまちまちで、デハ1600よりも先につくられた国鉄木造客車の台枠を使ったクハ1651〜1653。3連×5本とするときに新製されたクハ1654、1655。さらに2連×10とするために新製されたクハ1656〜1660に分けられる。

　幾度かの更新を受けて、すっかり1900系などと同じ印象の中堅電車として働いたが、1960年代には姿を消してしまった。いくつもの私鉄に譲渡され、さらに2年ほど寿命を延ばしたものもあった。

1608+1658の2連が新聞輸送列車としてやってきた。いつもは1300系の仕事だったはずなのに…（1964年10月、千歳船橋付近）

向ヶ丘遊園行の各駅停車は1609を最後尾にした1600系の4輛編成。運転席下、腰部の白い傷は「急行」サボなどを吊るしていた跡だ。
(1969年7月、千歳船橋付近)

急行を示す標識灯を灯して、1604を先頭にした6連の相模大野行の急行が到着しようとしている。(1968年6月、相模大野付近)

1700系

　戦後間もなくから走りはじめた小田原行特急は「温泉特急」と銘打って、上々の人気を呼んだ。それに応えて1951年に投入された特急専用の新型車が1700系である。まずその年に1701＋1751＋1702と1703＋1752＋1704の3輌固定編成2本が、1952年に1705＋1753＋1706が追加で増備された。

　1951年製の第1、第2編成は戦災で損傷した国鉄電車の戦災復旧という名目だったというが、完成した1700系は1100mmという広幅の窓を備え、いかにも景色を楽しむ特急電車という明るく斬新なイメージを植え付けた。シートは転換クロスシートで、いろいろな特徴を備えていた。ひとつに、両端のデハ1700型は17m級、中間のサハ1750は20m級とし、サハには中央部に喫茶カウンターを備える。できるだけ座席数を多くするのを目的に、特急専用ということでドアはできるだけ少なくされ、デハに片側1カ所ずつ、サハには非常用の550mm幅のドアがあるだけであった。

　翌年増備の第3編成はさらに特徴的で、前面が大きな二枚窓、非貫通とされたことだ。流線型埋め込みの前照灯の両脇には2個ずつの警笛が並ぶという、なんとも魅力的な存在となっていた。それとともに「張り上げ式」の屋根となり、雨樋位置が上がったことから、いっそう滑らかな印象の輝くような車輌となったのだった。

　しかし、特急時代は1950年代までで、華やかな最先端を飾る新車の登場により、1957年の第1編成を皮切りに通勤用に「格下げ」改造されることになった。その改造がまた大胆というか模型的というか、なかなか面白いものである。通勤用として当時の標準であった3ドア、ロングシート化されたわけだが、同時にサハを1輌新製して4連とする。それには既存のサハ1750型の全長を17,300mmに短縮、一方新製するサハ1750型は16,700mmとして、4輌編成の全長を17m級4連と同じくする、という荒技が施される。番号も、新製したサハを1752とし、残るサハも改番して揃えたのである。

　広窓で残されたことから、微妙な車体長のちがいは端面近くの窓で吸収されることになり、改造サハは550mmのところ、新製サハでは400mm幅の狭い窓という、模型好きには腕の奮いどころというような窓配置となったのだった。

　われわれが接することができたのはこの時代。茶色塗装にされ、大窓の1700系は格好いいものであった。特に第3編成の正面二枚窓は素敵で、一番のお気に入りになったものだ。ほとんど初めてカメラを持って線路端に行ったとき、やってきた1705に鉄道好きの仲間と喝采をしたものだ。まだ標示もホーローの行先板だった。脇に写っているのが、カメラなし、見物だけに同行した仲間だ。

　しかし、それも長くはつづかず、1962年には第3編成も正面貫通式になり、すっかり「普通」になってしまったのだった。1964年に前照灯二灯式化、1963年と1969年の二度にわたって塗色変更、1974年には全車とも廃車になってしまう。

新製されたサハのOK-17型台車がとても興味深いものであった。連結面よりの小さな窓の寸法が微妙に異なっている。
（1961年4月、経堂車庫）

1701+1751+1752+1702の編成が経堂車庫に駐っていた。全体を写し込むのではなく、台車部分や窓割りの面白いところをアップしているのは、もともとが模型好きゆえである。（1961年4月、経堂車庫）

やってきたお気に入りの1700系第三編成。線路端にカメラを持たない友人が。(1961年4月、世田谷代田付近)

踏切で待っていたら、やってきたのは片瀬江ノ島行の各駅停車、1700系の第三編成だった。1706の張り上げ屋根は正面貫通扉付になっても健在だった。(1961年5月、和泉多摩川付近)

多摩川の橋りょうを渡る1700系の4輛編成。アルミサッシとなり、幅広の側窓がいっそう映える。(1961年4月、和泉多摩川〜登戸間)

1960年代になるとふたたび更新工事を受け、すっかり個性のない顔になってしまう。それでもなんとか張り上げ屋根だけは残っていた1705。（1967年11月、経堂駅）

代田の跨線橋で1706の編成がやってくるのを待った。正面二枚窓、張り上げ屋根は、この編成随一であった。
（1961年4月、世田谷代田付近）

普通屋根の1703などは、すっかり1900系などと同じ顔つきになってしまった。(1969年7月、相模大野駅)

1900系

　1948年に小田急がふたたび独立したときに、新製された戦後第一号という記念すべき一群が1900系電車である。完成したのは1949年で、その当初は1900系デハ1900+サハ1950+デハ1900の3連×3本と、1910系2編成がつくられた。1900系は3ドア、ロングシート、1910系は2ドア、セミ・クロスシートで、後者は「温泉特急」として運用するための車輛であった。

　1910系はいくつもの新機軸を備えていた。まず、塗色は濃い黄色とブルウの塗り分け、サハには「走る喫茶室」として日東紅茶のスタンドが設けられた。幅の広い貫通ドア、貫通幌などは関東の私鉄では初お目見えのエクイップメントとして大きな話題になった、という。エポックをより主張するためか、デビュウ翌年の1950年から2000系に改番、デハ2000+サハ2050+デハ2000を名乗る。「小田急ロマンスカー」の愛称もこの2000系からスタートしたものだ。

　しかし、われわれには2000系も3連時代も実際に接する機会はなく、1962年に改装後の姿に接することができただけであった。3ドア、ロングシート…、2000系も1900系に準じたスタイルに統一され、型式もデハ1900、サハ1950、クハ1950の3型式に戻された。それまでに、なん度かの編成換えやサハからクハへ、逆にクハからサハへの改造、さらには改番などを経て、ようやく落ち着いたようなところ。4連×5本、2連×4本の28両が在籍し、中心的存在のひとつになっていた。

　いま思い返してみるに、先の1600系以来、更新工事を受けたのちは「小田急スタイル」とでも呼びたくなるような、画一的ではあるが、好もしい「昭和の電車」の佇まいを見せていたものだ。

ナンバーも読めなくなるほど、雪を浴びながらやってきた1900系。相武台前行の各駅停車であった。(1967年2月、成城学園前駅)

1903が最後尾になって4連で走る相模大野行「快速準急」。編成の両端にパンタグラフがある。(1966年2月、登戸付近)

暑い夏の一日、窓を開けてせめてもの風を取りいれつつ新宿に向けて走る1900系の4輌編成。最後尾は1908だった。(1968年8月、新原町田付近)

江ノ島行の各駅停車は1913をはじめとする1900系の4連。江ノ島線はまだ旧型電車が主役のようだった。(1968年6月、中央林間駅)

前照灯が二灯化された1962を先頭にした1600系の4輌編成。向ヶ丘遊園行の各駅停車だ。しかし、この時代の車輌に二灯式は取って付けたようで似合わないなあ。(1969年7月、千歳船橋付近)

小田急電鉄　デハ1900型 電動客車

デハ1901〜1906　　6輛

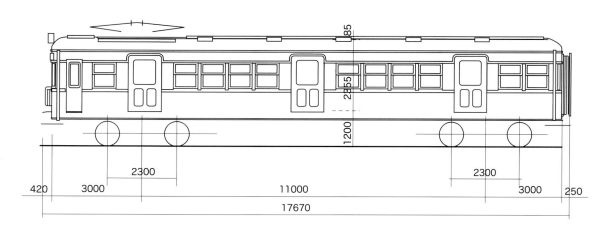

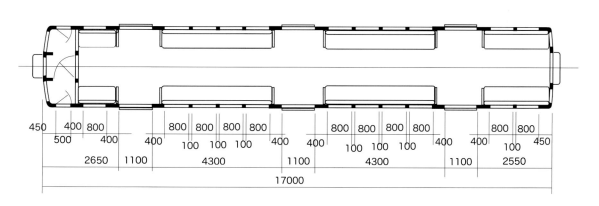

製造初年 ……… 昭和24年	定員 ………	130人（座席50人）
製造所 ……… 川崎車輛	自重 ………	40.0t
改造初年 ……… 昭和26年（格下げ）	台車 ………	KS-33EL
昭和36年（更新）	電動機 ………	MB-146-CFB × 4
		（ツリカケ）

小田急電鉄　デハ1900型 電動客車

デハ1911～1913　3輌

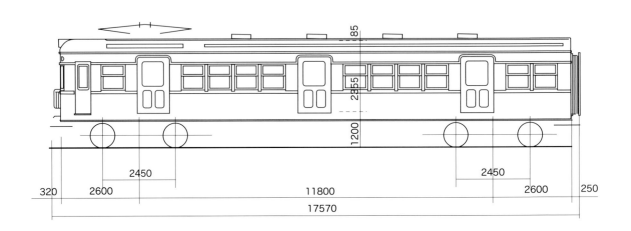

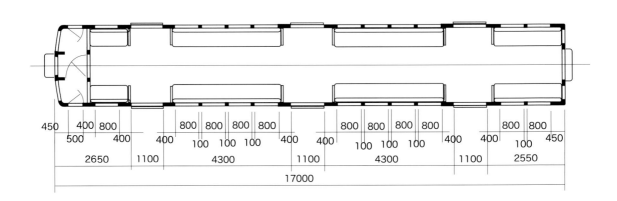

製造初年 ········ 昭和28年	定員 ········	130人（座席50人）
製造所 ········ 日本車輌、東急車輌	自重 ········	40.0t
改造初年 ········ 昭和36年（更新）	台車 ········	FS-108
	電動機 ········	MB-146-CFR × 4
		（ツリカケ）

小田急電鉄　デハ1900型 電動客車

デハ1914　　　1輛

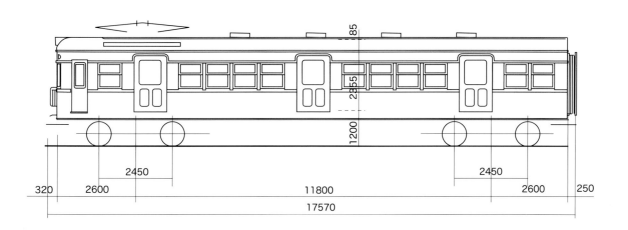

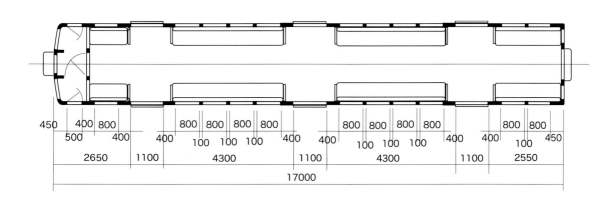

製造初年 ……… 昭和11年
製造所 ……… 日本車輌
改造初年 ……… 昭和35年（更新）

定員　……… 130人（座席50人）
自重　……… 40.0t
台車　……… KS-31L
電動機 ……… MB-146-CFR × 4
　　　　　　　（ツリカケ）

小田急電鉄　サハ1950型 制御客車

サハ1951、1953、1955　3輌

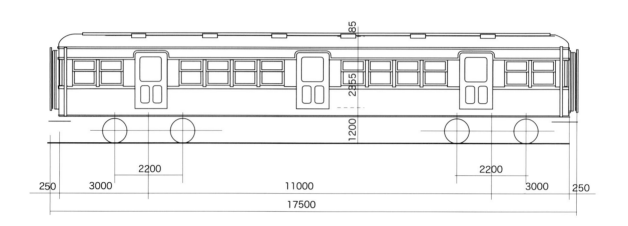

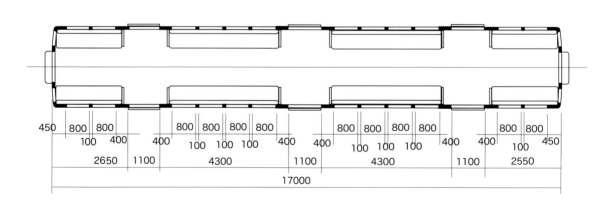

製造初年 ……… 昭和31年		定員　　……… 139人（座席56人）	
製造所　 ……… 川崎車輌		自重　　……… 25.7t	
改造初年 ………		台車　　……… OK-17	
		電動機　………	

小田急電鉄　クハ1950型 制御客車

クハ1954　　　1輛

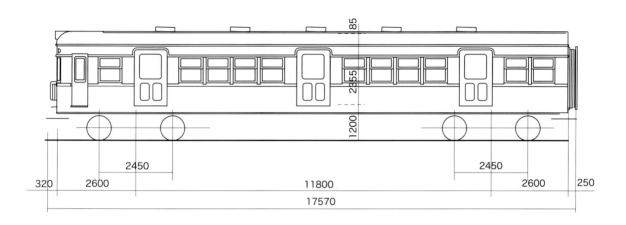

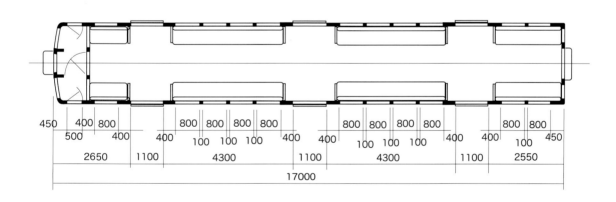

製造初年 ……… 昭和11年　　　　　　定員　……… 130人（座席50人）
製造所　 ……… 日本鉄道自動車　　　　自重　……… 27.1t
改造初年 ……… 昭和35年　　　　　　台車　……… TR-11
　　　　　　　　　　　　　　　　　　電動機 ………

小田急電鉄　クハ1950型 制御客車

クハ1961～1963　　3輛

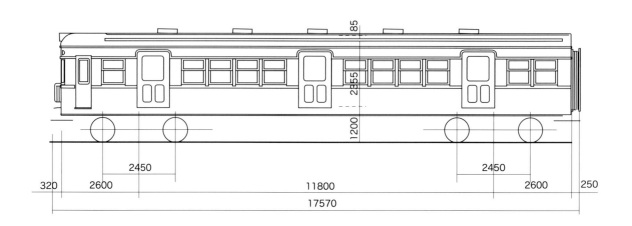

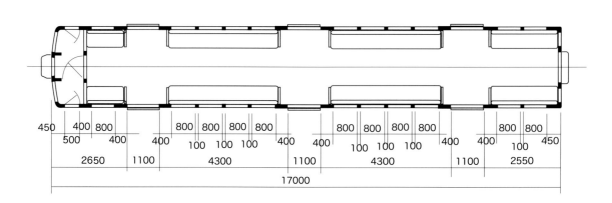

製造初年 ………	昭和28年	定員 ………	130人（座席50人）
製造所 ………	日本車輛、東急車輛	自重 ………	32.7t
改造初年 ………		台車 ………	FS-108
		電動機 ………	

4章
歴史の狭間の異端

Chapter.4 ▶

1800系
2100系
キハ5000／5100系

1800系

　小田急の車輛を歴史的に辿ってみて、どこにも属さない一群がある。もとを正せば戦後間なしの混乱期から、そのまま1980年代初頭まで使用された、文字通りの通勤型電車、1800系もそのひとつだ。20m級、切妻、4扉という、1960年代までの小田急では見られなかった大型の電車は、スタイルといい経歴といい、まさしく異色の存在というものだった。

　戦争直後、小田急に限らず鉄道はどこも混乱のなかにあった。小田急となる2路線では90輛の車輛のうち1/3以下しか稼働できないというような状態であったという。そこで、国は国鉄向けに製造中であった63系電車をいくつかの私鉄に割り当てる策を講じた。当時の「大東急」に割り当てられた20輛がその後、独立した小田急に入線、1800系となったのである。

　63系というのは、その後クモハ73系として山手線はじめ大量輸送の電車として広く知られる車輛。効率重視に徹した、真四角な車体、三段窓のチョコレート色の電車だ。それが小田急にやってくる、せいぜい17m級だったなかに20m級電車の存在感は、ちょっと異質な印象さえ受けたものだ。

　小田急にやってきた1800系は、いくつかの混乱の末、1950年代後半に更新工事を東急車輛にて受けた。その時点で、真四角な車体のアウトラインこそ変わらないものの、ノーシル、ノーヘッダー、二段窓、前面貫通扉付、埋め込み式前照灯に改められ、デハ1800＋クハ1850の2連が11本、つまりデハ1801〜1811、クハ1851〜1861に改番整理された。

　その後も、前照灯二灯化などの改装も受けつつ、1981年まで使用された。異質ではあったけれど、その後、輸送力拡大のために20m級車が新製投入されるなどしたことからみると、1800系は小田急にとって「先駆」の役も果たした、といえる。

先頭部にパンタグラフをかざし、新宿目指して走る1801を先頭にした4輛編成。となりの「HE車」とは時代の違いが感じられる。（1967年7月、経堂付近）

モーターの唸り音も勇ましく、1800系の4連が走り抜けていく。真四角な20m級電車は、なかなかの迫力だ。(1964年12月、千歳船橋付近)

茶色塗色時代の1800系、クハ1855。シル、ヘッダーがなくされ、二段窓となった出立ちは、同じ茶色塗色で活躍していた国鉄73系電車とはずいぶんイメージが違っていた。(1963年1月、千歳船橋付近)

1860を最後尾に、新宿行各駅停車として走り去っていく1800系の4連。向こうに待機中の「NSE車」が2本留置されていたりする。(1967年9月、経堂駅)

茶色、イエロウ＋ブルウの2トーン1800系電車混成4連。TcM＋TcMだ。(1963年1月、千歳船橋付近)

2100系

　1800系が期せずして先駆の役を果たしたとすれば、2100系は次なるものの試作的意味合いの強い、本当の意味での「先駆」となるべき存在だった。17m級の軽量車体も新規メカニズムなどを導入した車輌として、2連×4本が1954年につくられた。製造も2101+2151、2102+2152が川崎車輌、2103+2153が日本車輌、2104+2154が東急車輌と分けて発注されたのも、試作的な車輌だったからに違いない。

　外観的な特徴は、初めてノーシル、ノーヘッダーが採り入れられ、張り上げ屋根の採用とともにスマートな出立ちになったこと。いまでこそ、シルやヘッダーがあることの方が目立ってしまうが、当時は、新しさの象徴のように映ったものだ。990mm幅の大きな側窓も明るいイメージを演出していた。最初に見たときはまだ茶色塗色で、よけいヌメッとした質感が記憶に残った。

　車体の軽量構造など、こののちの2200系以降に多くのものを受け渡した。2100系自身は1962年にアルミダッシ化などの改装を受け、同時にイエロウとブルウの塗り分けになる。さらに1969年には前照灯二灯化、ケイプ・アイヴォリイにロイヤル・ブルウ帯という新塗装になった。2100系は4連に組まれ、1975年まで活躍した。

2101を先頭にした2100系の4連の新宿〜向ヶ丘遊園間を走る昼間の各駅停車。ノーシル、ノーヘッダーのスマートな車体は、張り上げ屋根、一灯式前照灯とよく似合っていた。（1964年12月、千歳船橋付近）

新聞を広げる紳士に、どいて欲しいなどと声を掛けることもできず、そっとシャッターを切った。2103を先頭に、2200系などと混成の6輛編成。(1966年7月、経堂駅)

思い出の一枚

張り上げ屋根に、ノーシル、ノーヘッダーの2100系はヌルッと美しかった。(1961年4月、世田谷代田付近)

キハ5000／5100系

　1955年10月から、小田急の国鉄御殿場線乗り入れが始められた。箱根とともに富士山近くの御殿場まで新宿から直通運転をしようというもので、松田まで架線の下を走るディーゼルカーという面白い光景が見られたわけである。そのむかし、急行列車専用に流線型キハが東横線を走った、などという話を訊かされ想像しては見たものの、どこか現実感がないままだったのが、独特のタイフォーンを響かせエンジン音を轟かせて走り去る小田急のキハには否応無しに釘付けにさせられたものだ。

　乗り入れを開始するにあたって、小田急では2輌の5000系ディーゼルカーが新調された。20m級両運転台にズラリと1000mm幅の窓が並んだスマートな車体。驚くことに、客用ドアは方側に1個しかなく、運転室直後にはタブレット防護柵が設けられていたのも、単線の御殿場線を走るゆえであった。クロスシートでシートピッチは1320mm、定員94名とされた。

　なんといっても最大の特徴は、御殿場線に25‰という急勾配があることから、「2エンジン」の強力版とされたこと。国鉄ディーゼルカーで「2エンジン」を実現するために車長を22m級としたキハ50系があったが、小田急では20m級で収められていた。国鉄でも標準的に用いられていたDMH17型エンジンを2基搭載。360PHの大馬力

「おい、経堂に新車が来ていたぞ」友人の情報をもとに駆けつけてみると、奥の方にベージュ・カラーのキハ5102がいた。となりには修理中なのか、めずらしく切り離された中間車もいた。（1959年、経堂車庫）

でカッ飛ばしていた印象がある。

東急車輛でキハ5001、5002の2輛がつくられ、特別準急「芙蓉」「銀嶺」として新宿〜御殿場間を日に2往復した。

日に2往復を2輛でまかなうのは予備車などの余裕がなく、翌1956年には増備車としてキハ5100型5101が登場する。基本はキハ5000だが、不評であったシート間隔の狭さを標準的な1520mmに広げ、それに伴って窓間隔も変更になったため、型式も別型式となったわけである。側窓が13個から10個になっていることで識別された。定員も82名に減少。

さらに1959年になると、2本が増発されることになって、もう1輛、5202が加わった。新列車は「朝霧」「長尾」と命名され、ときに2輛編成で走ったりした。

当初はオレンジとブルウの2トーン塗り分けであったが、「SE車」の登場した1959年以後は、ベージュに赤帯という出立ちに変更された。ということは5202は最初からこの塗装だったことになる。

1968年には御殿場線の電化が完成、「SSE」車が走ることになって4輛のディーゼルカーは働き場を失う。関東鉄道に譲渡されるのだが、外吊りドアを加えた3ドア、ロングシート化されて使用された。そのとき、なんと同じく小田急からやってきたクハ1650型と組んで走ったというから面白い。

キハ5101+キハ5001の重連で走る「銀嶺」。重連ではひと際大きなサウンドが轟いていた。駅フォームは延長工事中だ。
(1966年10月、向ヶ丘遊園駅?)

キハ5000型の直通準急「芙蓉」。かつてはイエロウとブルウの塗り分けだったが、塗色変更で軽快な印象に変わった。
（1964年12月、千歳船橋付近）

雪の日に撮影した直通準急「銀嶺」。ヘッドマークは同じ図案で、列車名だけが変えられたものである。（1965年1月、成城学園前駅）

「朝霧」のヘッドマークも凛々しく、新宿駅で出発を待つキハ5101。(1966年5月、新宿駅)

新宿に向け、御殿場を出発していく準急「朝霧」のキハ5002。正面窓がひと回り小さくHゴム支持になっていた。
(1967年1月、国鉄御殿場線御殿場駅)

架線の下を気動車が走る光景は、小田急ならではのものであった。屋上の様子が見たくて跨線橋の上で待っていたら、キハ5001が通り過ぎていった。独特の排気臭がしたものだ。(1964年12月、千歳船橋駅)

ディーゼルのエンジン音を轟かせてキハ5102が単行でやってきた。新設された「長尾」のヘッドマークが付けられている。
(1964年3月、千歳船橋付近)

5章
新時代への幕開け

Chapter.5 ▶

2200系
2220系
2300系
2320系

2200系

　以前から「新時代の電車」について研究を重ねてきたという小田急が、いくつもの新機軸を盛り込んで登場させた、佳き時代の高性能電車が2200系である。「軽量カルダン車」と形容される通り、新しい住友金属製のFS203型「アルストム台車」を採用し、駆動方式も直角カルダン方式となっている。モーター（電動機）を線路と平行、つまり車軸と直角に搭載し、駆動するもので、モーターを台車に架装することによりバネ下重量を軽くすることができ、ひいては乗り心地にもメリットがある。モーターから車軸に伝える部分に使われるユニヴァーサル・ジョイントを別名「カルダン・ジョイント」と呼んだことから、この名前が付く。車軸にはベヴェル・ギアで伝達される。すべてが電動車の「全電動車」方式である。

　17m級の車体は1000mmの広い窓に、上下にシル、ヘッダーを持たない「ノーシル・ノーヘッダー」という明るくスマートな印象。いまでは当たり前のスタイルだが、当時は画期的で、たしかに1400系などと較べてみれば一目で新しさが伝わってくるというものだ。前面は四隅に大きなRを持ち、Hゴムで指示された特徴的な二枚窓。登場当初からイエロウとブルウの塗り分けだったのも新しさを主張していた。1957年の2213からはアルミサッシが採用され「全金属車体」になった、というから1954年〜の初期の車輌もほとんど全金属に近かったといえよう。

　2201+2202という2連にはじまり、最終的には2218まで9本が揃うことになるのだが、最後の2217+2218は2連であるということで2200系に編入されているが、本来は2220系に組み入れられるべき内容、外観を持った車輌。これのみ正面貫通式であった。そして台車も空気バネが採り入れられたFS-321型が試用されていた。興味を持って撮影に及んだのだが、いかんせん台車周りは暗く、当時のカメラではこれが精一杯だった。

サイドから見た2203。ノーシル、ノーヘッダーにアルミサッシ、当時は近代感を漂わせる「新車」の面影が残っていた。
（1964年9月、千歳船橋付近）

アイヴォリイの新塗色になった「HE車」を先頭にした8輌編成の急行列車。最後尾の2213は二灯式前照灯に、列車種別指示幕も設けられているが、それを使わず急行マークをぶら下げていた。(1969年3月、千歳船橋付近)

2213を先頭にした「HE車」と混成の6連急行列車。
(1963年1月、千歳船橋付近)

2200系のトップナンバー、2201を連結した4輛編成。新宿〜向ヶ丘遊園までの区間列車で、もう次は終着だ。（1966年7月、登戸駅）

身軽な2輛編成になって片瀬江ノ島行の急行列車として発車していく2205+2206。やはりこの正面二枚窓は個性的で、小田急車輛のなかでもお気に入りのひとつだ。（1967年7月、相模大野駅）

パンタグラフが新宿側の先頭にあったために、反対側の小田原側はなんとも迫力のない姿だった。2212を先頭に、相模大野行の「快速準急」。(1964年12月)

2200系のラストナンバー 2217+2218は、2220系と同じ仕様だといわれた。空気バネ台車を履いているというが、このときは観察できなかった。(1968年6月、相模大野駅)

珍しい「団体専用」のヘッドサインを掲げてやってきた2203の臨時列車。遠足かなにかだろうか、車内は子供たちで賑やかだった。(1969年4月、相模大野駅)

新宿行の各駅停車は2207を先頭にした4輌編成であった。線路端は住宅で埋まっているが、いまや当時の面影は残っておらず、風景は一変している。(1968年6月、千歳船橋付近)

小田急電鉄　デハ2200型 電動客車

デハ2201〜2215（奇数）　8輛

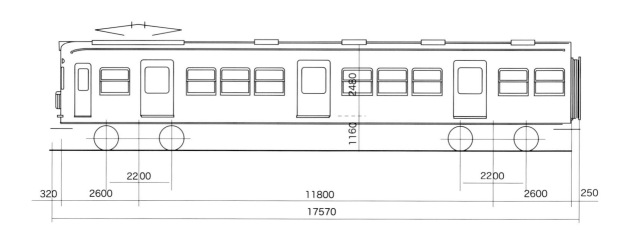

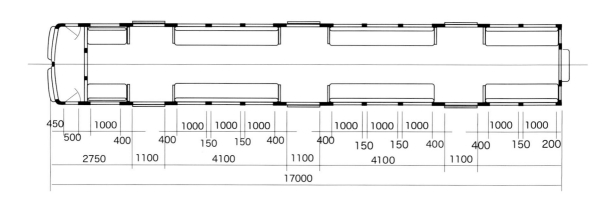

製造初年 ……… 昭和29年
製造所 ……… 日本車輛、川崎車輛

定員 ……… 130人（座席48人）
自重 ……… 31.0t
台車 ……… FS-203
電動機 ……… MB-3032-B × 4
　　　　　　　（直角カルダン）

小田急電鉄　デハ2200型 電動客車

デハ2202〜2216（偶数）　8輌

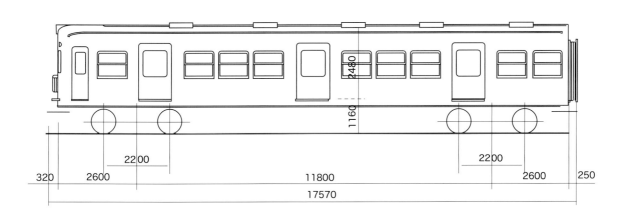

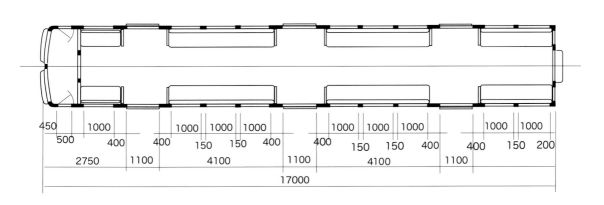

製造初年 ……… 昭和29年
製造所　 ……… 川崎車輌

定員　　……… 130人（座席48人）
自重　　……… 30.0t
台車　　……… FS-203
電動機　……… MB-3032-B × 4
　　　　　　　（直角カルダン）

2220系

　そのむかし、鉄道雑誌がしっかり出そろっていない頃、鉄道模型雑誌に実物紹介ページがあり、それページだけを集めた「鉄道車輌401集」（機芸出版社、1960年）という本があった。そのなかで、小田急2220系を紹介したページがあった。その名句はいま以って暗記してしまっているほどだ。

　曰く「通勤輸送も大切だが、観光客へのサーヴィスも充分に…（中略）。高級観光客には特急専用の看板電車を奮発。ここまではよろしい。だが、おあとが大変、各停にも準急にも、急行にも、なんでも使える電車が欲しい。

　と、まあこんなことを考えさせるのが小田急のデハ2220。なんと3扉ロングシートにトイレ付という苦心（？）の作である…」

　考えてみるといい、ロングシートの3ドア通勤用電車の片隅にトイレが設けられている。なかなかの図ではないだろうか。トイレ部分はスリガラス窓になり、そのとなり手洗い部分は500mmという狭窓になって、外観上のいいアクセントになっていた。

　1958年に登場した2220系は、先の2200形の増備、改良型といわれた。駆動方式が直角カルダン方式から、モーターを車軸と平行に置き、内歯、外歯の歯車を組合わせて駆動する平行カルダン方式となったほか、4輌編成となったのが大きな特徴だった。4連×4本が日本車輌と川崎車輌とでつくられた。登場時に設けられていたトイレは、1962年には消滅してしまった。中間車に運転台を新調し、2連×9本に組み替えられたからである。このときにトイレも当然のように撤去され、普通のロングシートになった。新調された運転台は二灯式前照灯、もともとの運転台は埋め込み式の一灯式ということで、たった2連なのに前後で顔つきが異なるというのも珍しかった。

　もうひとつ2220系の特徴として、「サイクルファン」と称するファン付の大きなヴェンティレイターがある。いささか重そうに屋上に並んだヴェンティレイターは、冷房装置なき時代の注目ポイントでもあった。

　1968年からは前照灯二灯化などが行なわれ、まったく個性のない存在になってしまった。そして1984年には引退をしてしまった。

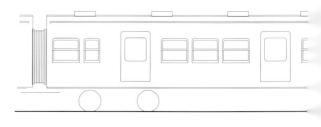

●2220系　登場時の3扉トイレ付

小田原本線と江ノ島線との分岐点である相模大野を出発する2221を最後尾にした急行列車。暑い日のこと、多くの窓が開け放たれていた。（1967年7月、相模大野駅）

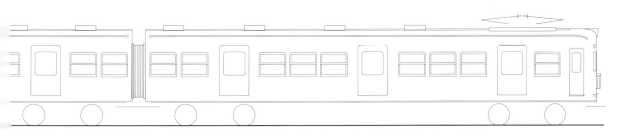

2221+2222という 2連の新聞輸送列車。前方で積み降ろしが行なわれている。正面の旗は「小田急百貨店」新宿店のオープンを記念したもの。(1967年12月、経堂駅)

2233が先頭に立つ、2220＋2200系混成の4連「快速準急」。(1964年9月、千歳船橋付近)

片瀬江ノ島行の各駅停車は2229を最後尾にした2連+2連の4輛編成であった。2200系〜2320系は晩年は共通で運用されていた。
(1969年4月、相模大野付近)

中間車に新設された運転台は、「HE車」に準じた二灯式前照灯付。2連＋2連＋「HE車」4連という8輛編成で走る急行列車。
(1965年1月、千歳船橋付近)

「HE車」と混成の6連の後2輛は2220系だった。ラストの2227は2灯式前照灯だが、種別窓がない。(1964年10月、経堂駅)

2300系

　当時、1700系の3連×3本で運用されていた箱根特急が人気で、増備の必要性から用意されたのが2300系、4輌編成1本である。1955年、東急車輌でつくられたものだ。しかし不幸にも、一方で「新連接式ロマンスカー(SE車)」の計画が進んでいたこともあって、生まれながらに「とりあえず」の存在であった。先の1700系の時代からは、ひと回り時代が進化しており、「高性能車」として前年デビュウしていた2200系に準じた構造となった。

　具体的には、ガーガーの釣り掛式からヒューンのカルダン式に変わった駆動方式をはじめ、軽量ボディの採用など、2200系と同じ「軽量カルダン車」と呼ばれるものである。2300系としての特徴は、クロスシートのピッチに合わせた800mm幅の狭窓が100mmの窓柱を挟んでズラリと並ぶ姿で、登場時の特急時代はもとより、通勤型に改造された晩年まで、その狭窓は保たれつづけた。

　そう、「とりあえず」の特急業は、1957年のSE車登場後もしばらくつづいたというが、登場4年後の1959年には早くも格下げ改造の憂き目に遭う。しかし、一般的な通勤用とはならず、両開き2扉、セミ・クロスシートの長距離用にとどまった。特急時代は新宿側から2301+2302+2303+2304で、2302にはトイレ、2303には中央部に12人分の座席を潰して設けられた喫茶スタンドがあった。徹底した特急仕様ということで、客用ドアは1100mmの片開きが4輌編成に片側2個ずつのみ。中間車は幅500mmの非常用ドアがあるだけ、という異例の構造であった。

　1959年格下げ後は「準特急」などという珍妙な名前の列車に使われたりしたが、「ロマンスカー」の増備などに伴い、1963年には、標準的な3ドア、ロングシート車に再改造される。編成も2301+2302、2303+2304の2連×2本にされ、正面も貫通式の一般的な顔つきに整形されてしまった。上部にRのついた狭窓にのみ、2300のアイデンティティが残っていた、それでもお気に入りの車輌として、2300の名は忘れられない。

　1982年には同世代のなかでは最初に廃車となり、富士急行に売却された。

片瀬江ノ島行の各駅停車は2229を最後尾にした2連＋2連の4輛編成であった。2200系〜2320系は晩年は共通で運用されていた。（1969年4月、相模大野付近）

●2300系　登場時の「ロマンスカー」時代から、「準特急」用を経て3扉通勤用2連X2への改造

最終的には、2300系の特徴的な「顔」は失せ、まったく変わり映えのしない顔つきになっていた。(1965年3月、成城学園前駅)

いってみれば「湘南形」のひとつになるのだろうが、繊細な美しさでこの小田急2300の方がグンと評価が高い。中央に鼻筋はなくスムースな曲面を描き、なんといっても窓の大きさと窓柱の細さが素敵だ。なんだかピカピカだった印象が残っている。（1960年1月、経堂駅）

2300系、両開き2ドアのスタイルは、「ロマンスカー」から準特急仕様に改造された時期のもの。まだ湘南スタイルの前面に狭窓ズラリの精悍な出立ち。繊細な窓越しにクロスシートが覗ける。(1959年9月、経堂)

ちゃんと小田原寄りから1号車、2号車の車輌番号サボが入れられていた。(1959年9月、経堂)

窓割りの関係か、2304と2303の妻面寄りの柱寸法がちがうのが面白かった。(1959年9月、経堂)

2320系

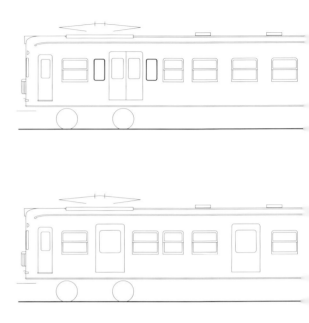

　1959年に「格下げ」で2ドア、セミ・クロスシート車に生まれ変わった2300系は「準特急」などに使われ、好評であった。そこで、それに準じたスタイルで4輛編成×2本を追加することになった。そして誕生したのが2320系である。デハ2320という型式名からも解るように、2220系のメカニズムに、2ドア、セミ・クロスシートの車体を組合わせたもの。但し、側窓は2300系譲りではなく、幅1000mmと戸袋部分に800mmとが入り混じるものとなった。アルミサッシ地肌だったこともあって、全体のイメージは明快だ。

　例によって、特急車の増備により「準特急」の廃止、一方で2連の増結用車の必要性が増したことから、1963年には3ドア通勤用に改造される。なるべくもとの窓を活かしたことから、2種類の窓が並ぶ不規則な窓配置となったのは、同じスタイルばかりになった1960年代中盤以降の17m級通勤電車群にあって、逆に個性的であった、というものだ。

　最終的には1984年まで在籍した。

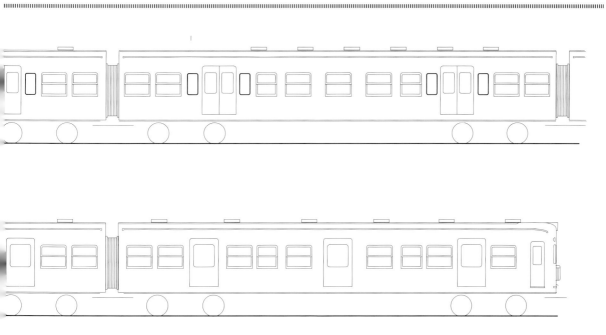

●2320系　登場時の「準特急」用から3扉通勤用への改造

「HE車」に増結されて6輛編成の急行となって箱根湯本を目指す。16m足らずのクハに19m級のモハ、それに17m級の2320系と車体長がいろいろ。最後尾は2321だ。
（1965年1月、千歳船橋付近）

成城学園前駅で、各停を追い越す「快速準急」は2200系＋2320系の4連だった。最後尾は2324。サイドの窓が不揃いなのが解る。（1967年12月、成城学園前駅）

前照灯二灯化改装後の2323を先頭に長大8輛編成を組んで、新宿に向かって快走する急行列車。(1969年7月、千歳船橋付近)

経堂止まりの区間列車は2320系と「HE車」との6両編成であった。(1963年6月、経堂駅)

小田急電鉄　デハ 2320 型 電動客車

デハ 2321〜2327（奇数）4 輌

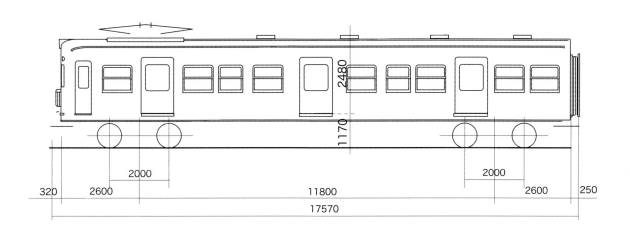

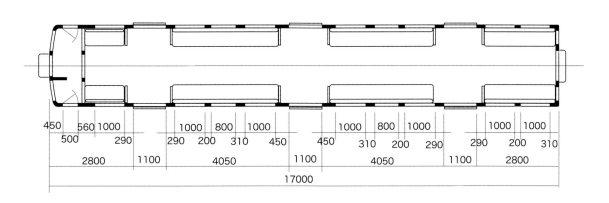

製造初年　………　昭和 34 年
製造所　　………　川崎車輌
改造初年　………　昭和 38 年
　　　　　　（3 扉ロングシート化）

定員　　　………　130 人（座席 48 人）
自重　　　………　33.7t
台車　　　………　FS-316
電動機　　………　MB-3032-A × 4
　　　　　　　　　（WN 平行カルダン）

小田急電鉄　デハ2320型 電動客車

デハ2322〜2328（偶数）　4輛

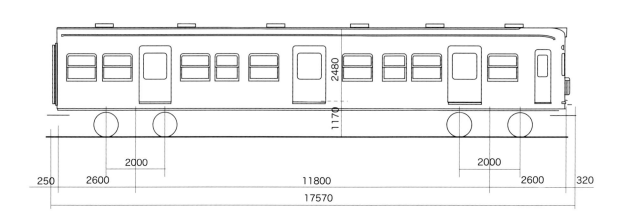

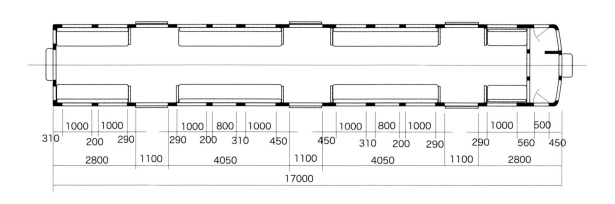

製造初年　………　昭和34年
製造所　………　川崎車輛
改造初年　………　昭和38年
　　　（3扉ロングシート化）

定員　………　130人（座席48人）
自重　………　33.7t
台車　………　FS-316
電動機　………　MB-3032-A × 4
　　　（WN平行カルダン）

6章
大量輸送時代の到来

Chapter.6 ▶

2400系
2600系
4000系

2400系

　その名を「HE車」という。小田急の電車のひとつの変革をもたらした車輌として、記憶にとどまるシリーズである。「HE車」というのは「High Economical car」の頭文字。つまり、沿線のベッドタウン化に対応して、いかに経済的に大量輸送を実現するか、という命題に対する回答というものだった。

　ここしばらくはずっと、全電動車方式を採用してきたのが、中間電動車と付随先頭車に分けた。国鉄流にいうと、クハ+モハ+モハ+クハ（小田急ではクハ+デハ+デハ+クハ）という4輌編成。それもモハは19m級、対してクハは15.4mとして編成では従来の17m級4連の70mに収めるようにした。中間電動車デハ2400型にはモーターを従来の70%アップの120kWとし、車輪径もφ910とひと回り大径化したのに、クハ2450型は逆にひと回り小径のφ762を採用。モハはより大きなモーター架装のためのスペース確保、クハはバネ下重量の軽減という、その選択には明確な理由があったのだ。台車もモハがFS330型、クハがFS30型。

　こうしたおかげで、クハ2450型は20.2tにまで軽量化を実現した。これは、「軽量カルダン車」と称されたさきの2200系などと較べ2/3という、本物のライトウエイトであった。

　短躯のクハ2450型は運転台の後方には戸袋窓があっていきなり1300mmの両開きドア、デハ側の妻面もドアの後には戸袋窓だけ。その分、デハ2400型はドア間と両端部が同じように幅1000mmの窓が2個ずつ並ぶ。なるほど、編成全体でみると実にバランスもよいではないか。

　時代も伸び盛りということか、2400系は4連が全部で29編成、116輌の大世帯となり、一時は小田急の「顔」のようにもなった。もちろんこれとて一気に増備されたわけではなく、1959年暮に第1編成が完成し、翌1960年に7編成、以下61年5編成、62年6編成、63年10編成という順だ。

　最初は通勤などを中心に各停で使われたが、1964年に後継の「NHE車」登場によって、次第に急行に使われるようになった。冷房のテストには使われたものの、じっさいに冷房化は行なわれなかったこともあり、1985年頃から廃車が出はじめ、1980年代中に全車が姿を消した。

多摩川橋りょうを渡る新宿行各駅停車。まだHゴムが白く、ピカピカの新車といった感じだ。2491+2441+2442+2492の編成。
(1966年2月、和泉多摩川～登戸間)

HE車こと2400系電車がまだ新車として通っていた頃の箱根湯本駅にて。新宿行の急行電車は長駆100km近くをロングランする。となりの線路は箱根登山鉄道で線路の幅がちがうのが解る。2462の編成。(1961年7月、箱根湯本駅)

雪の日の「HE車」。もう行先も読めなくなっているが、そんなことにはお構いなし、新宿目指して駆け抜けていった。(1967年2月、成城学園前付近)

運転席直後の戸袋窓は、夏の間、ガラスに代えてルーヴァが入れられ、換気に役立っていた。「HE車」が最初だと思っていたら、「NHE車」で初採用になったものだった。これはクハ2450型。(1969年4月、相模大野駅)

箱根登山鉄道と共用していた区間、国道1号線を跨ぐ。三線式に加え、ガードレールなど橋りょう上は線路がたくさんだ。後を0系の時代の新幹線が走っているのが見える。(1969年5月、箱根板橋〜風祭間)

クハとモハの車体長のちがいがよく分かる。戸袋窓だけのクハの連結面側は独特。(1966年5月、東北沢駅)

小田急電鉄　デハ2400型 電動客車

デハ2401〜2449　　　58 輌
2400、2501~2508

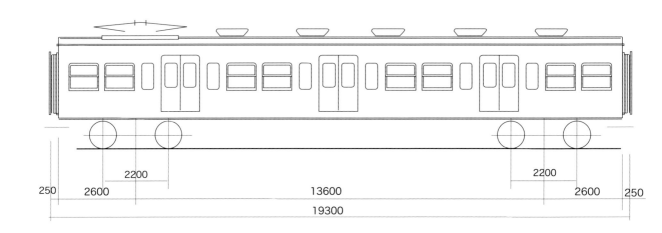

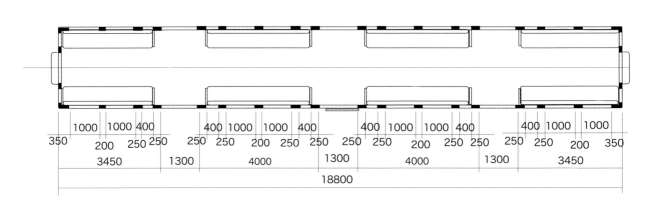

製造初年 ········ 昭和34年	定員 ········	155人（座席60人）
製造所 ········ 日本車輌、川崎車輌	自重 ········	33.7 t (M1)、35.3 t (M2)
	台車 ········	FS-330
	電動機 ········	MB-3039-A × 4
		（平行カルダン）

小田急電鉄　クハ2450型 制御客車

クハ2451〜2499　　58輛
2450、2551〜2558

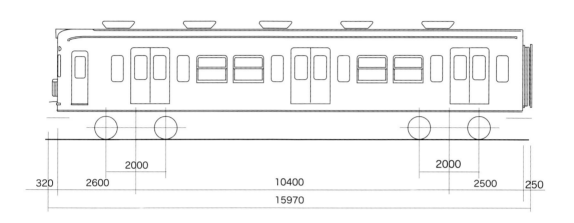

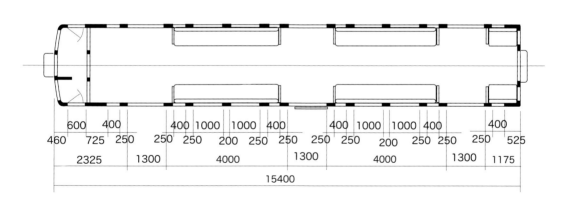

製造初年 ……… 昭和34年　　　　　　　定員　 ……… 117人（座席40人）
製造所　 ……… 日本車輌、川崎車輌　　自重　 ……… 20.22 t
　　　　　　　　　　　　　　　　　　　台車　 ……… FS-30
　　　　　　　　　　　　　　　　　　　電動機 ………

2600系

　20m級の腰部を絞った幅広の車体に4枚の両開きドア…現代の通勤車輌に通じる基準が小田急に初めて登場するのである。それは1964年10月から走りはじめた「NSE車」こと2600系。1960年代になって、年毎に恐ろしい勢いで増加していく乗客数に対応するには、車輌の大型化、長編成化が避けては通れない途になっていた。駅プラットフォームの延長などのインフラ整備を行なうとともに、大型車の導入が計画されたのだった。それもまずは20m級5輌編成、駅の整備などが完成し次第6連に増強するという計画で進められた。具体的には、1967年10月から6輌化がはじまり、翌年に全編成が6連にされた。

　「NSE車」というからにはそれなりの経済的な算段が込められていたわけで、それは車体幅は2900mmの大型車体にすることをはじめとして、3輌の中間電動車をユニット化し制御法を工夫、一方電力回生ブレーキを初採用するなどで実現されている。新宿側からクハ2650+デハ2600+デハ2700+デハ2800+(サハ2750+)クハ2850で、サハ2750が6連化に際して追加された。

　ちょっとしたことだが、運転席直後の戸袋窓にガラスの代わりに、通気を考えルーヴァが入れられた。これは、好評だったといわれ、「HE車」にも一部採用された。

　「NHE車」はその後8連にまでなって、後継車輌に多くのものを残した。

1964年10月から走りはじめた大型車体の「NHE車」2600系。これはその試運転。見馴れぬ新車の登場にあわててシャッターを切った。2654というナンバーだから4番編成だ。(1964年9月、登戸駅)

或る日、突然とんでもない塗色の2600系が現われて目を疑った。それは真っ白と真っ赤に金帯という、これ以上目立つ配色はない、というような色。小田急百貨店本館の完成を記念した「買物列車」と銘打ったもの。2661、2662の2編成がこの仕様にされた。(1967年12月、東北沢駅) 興味があって乗ってみると、なかは全部の吊り広告が「小田急百貨店」になっていた。

147

「小田急百貨店」本館完成の特別色はしばらくつづいた。翌年には「セール」の宣伝か、「サマー号」なるマークを掲げて走ったりもした。(1968年6月、成城学園前)

写真を撮りにいくたびに、「NHE車」がどんどん数をましていることを感じた時代。幅2900mmの大型車体は、ひと回り迫力が増していた。(1967年7月、経堂付近)

特別塗色だとばかり思って、一所懸命写真撮っていたら、いつまでもそのままで少し食傷気味になっていたら、この後すぐにアイヴォリイ+ブルウ・ライン塗色に変更された。(1969年4月、成城学園前駅)

「買物電車」の室内。吊り広告はすべて小田急百貨店のものだった。(1968年4月)

回送で入線したての2600系、クハ2655。まだ方向幕も種別幕も装着されていなかった。（1964年9月、経堂車庫）

わっ、新しい電車だ。すれ違いの電車窓から素早く撮ったのが、2600系との初遭遇だった。（1964年9月、登戸駅）

「小田急百貨店」本館完成の特別色はしばらくつづいた。翌年には「セール」の宣伝か、「サマー号」なるマークを掲げて走ったりもした。
（1968年6月、成城学園前）

4000系

　1966年11月に登場してきた大型車体の3連。なかなか興味深い経緯で実現した。初めて出遇ったときのことを思い出してみよう。車体はほとんど2600系に準じた4ドア、2900mm幅の20m級。いや、本当は「NHE車」がやってきたと思ったら、え、短い、3輛編成？と解ってびっくり。そして近づいてきたときのモーター音、ヒューンでなくてガーガーだったのにもっとびっくりしたものだ。見れば、台車も東急東横線で見た7000系のように、ディスク・ブレーキのディスクが外側で回っているパイオニア台車ではないか。ナンバーは4001、ということは新しい型式、4000系というのだ、とこのとき知った。

　誕生の経緯はこうである。次第に輸送力を拡大した車輛が揃ってくるに連れて、「昭和初期の古豪」の一群はいかにもキャパシティ不足が目立つよう

白、赤に金帯の「小田急百貨店」本館完成記念の特別色は4000系にも及んだ。開業記念のヘッドマーク、旗までかざして走る4051の編成。（1967年12月、成城学園前）

になってきた。そこで、1200、1400系などのモーターを利用し、それをそっくり新しいエクイップメントで包み込んでしまおうという計画、が立てられた。だから、釣り掛式のモーター音にのみ、かつての面影を残した「新車」というわけなのであった。1966年11月、その第一陣として東急車輌製の4001＋4101＋4051が姿を現わした。

なるほど、東急車輌だからお得意のパイオニアPⅢ-706なのだ、とあとから気付くのではあるが、東横線で話題だったものが小田急に登場となるとこれはまた注目に値するのだ。

4000系は、こののちも旧型車と入れ替わるように増備をつづけ、最終的には1600系〜2100系までがドナーとなって、世代交代が行なわれたのだった。

4001を先頭に3連でやってきた各駅停車。写真では感じられないが、実際に走っているのを見ると、モーター音だけでも4000系だとすぐに解ったものだ。(1969年4月、相模大野駅)

小田急電鉄　デキ1010型 電気機関車

1012　　1輛

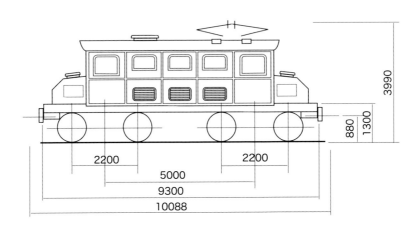

製造初年 ……… 昭和2年
製造所 ……… 川崎造船

自重 ……… 41.0 t
台車 ……… FS-203
電動機 ……… MB-3032-B × 4
　　　　　　　（ツリカケ式）
容量　1時間定格出力 ……… 447.6 kW
　　　1時間定格引張力 ……… 6720 kg
　　　1時間定格速度 ……… 24.0 km/h

7章
電機とトフとデト

Chapter.7 ▶

電気機関車
「トフ」のこと
デト1

電気機関車

　もとより観光中心の電鉄会社だった小田急だから、貨物輸送にそれほど力が入っていたわけでもないだろうに、開通時に2輛の電気機関車も用意されていた。それは1927年に川崎造船所でつくられた40t級のB-B凸型電気機関車。当初は1型、1、2と付番されたが、1942年に「大東急」となった時点でデキ1010型に改番された。それはそのまま小田急に引き継がれ、1011、1012のナンバーを付けて活躍していた。

　戦前の電機はそれだけにとどまらず、1930年にも2輛のB-B電気機関車が増備されている。同じ50t級の機関車だが、まったくの別型式で、それぞれ先の1型につづいて101型101、201型201とされ、のちにはデキ1020型1021、デキ1030型1031となったものだ。メーカーも別で、1021は1010型と同じ川崎造船所。造船所製という理由だからか、側窓が丸窓になっているのが特徴であった。一方の1031は車体が日本車輛、電気部分が東洋電機製で、1021同様箱形だが、側窓は上辺にRの付けられた四角い窓である。1021の方は1969年に岳南鉄道に譲渡された。

　面白いことに型式はデキで、ナンバープレートも正面はただ数字が並ぶだけなのだが、小田急ではそれぞれED1021、ED1031という番号とされている。

　戦後、1951年にもう1輛、デキ1040型1041がつくられるが、それにはしっかり「ED1041」というナンバープレートが付けられていた。やはり50t級のB-B電機だが、丸みのある車体にデッキ付という近代的な外観の持ち主。14m足らずの車体で、模型好きには手頃なサイズ、と人気だった。出力600kW、発電ブレーキを備えていた。

　この4輛のほかにもう1輛、異色の機関車がある。それはかつて日本専売公社足柄工場で使われていたB凸型電機。1950年、日立製作所製の15t級小型機で、同社の専用線で入換え等に使われていたのだが、その専用線の運行までを小田急が請け負ったことから、1959年に機関車も譲受したものだ。専売公社時代はEB1型101だったが、小田急になってデキ1051型EB1051を名乗る。

　その足柄の専売公社のほか伊勢原の製麦工場など製品輸送をはじめとして小田原で国鉄に受け渡す一般貨物、ほかにむかしには、たとえば新松田にには砂利採取の引き込み線があったりして、砂利輸送などが行なわれていた。東北沢にはセメント工場があって引き込み線もあった、というが、砂利用の留置線、引き込み線があったのは覚えているが、それがセメント工場のものであったかは確信がない。

　1984年3月の国鉄ダイヤ改正で小田原駅での貨物扱いが廃止されたことなどから、小田急でも貨物列車は姿を消した。ときにバラスト運搬などで走ることはあったけれど、残念ながら電気機関車を見る機会はほとんど失せた。

　それを待たず、1011は1968年に廃車、先述のように1969年に1021が転出。1012が1984年、1031が1997年、1041が1996年に廃車になっている。

1012の牽く列車：多摩川に架かる橋りょう、和泉多摩川側の土手で列車を待っていた。踏切の警報機が鳴って待っていると、やってきたのは電気機関車の牽く砂利運搬列車だった。凸型のED1010型に無蓋車が6輌、それにトフをつないだ列車はそのまま模型で再現したくなるような編成であった。（1963年1月、和泉多摩川～登戸間）

1040の牽く砂利運搬列車が多摩川橋りょうを渡る。ガーガーというモーターの唸り音、貨車のジョイント音まで聞こえてきそうにのどかな情景。(1963年1月、和泉多摩川〜登戸間)

デキ1010型、ED1011。実に好もしいスタイルの凸型電機。小田急にとって生え抜きの機関車だった。（1961年4月、経堂）

デキ1040型、ED1041。スマートな溶接車体のデッキ付B-B電機。1951年三菱製の好もしいサイズの電機だ。（1963年1月、千歳船橋）

デキ1010型、ED1012。ナンバーは正面が「1012」サイドに「ED1012」とペンキ描きされていた。1980年代まで予備機として残されていた。（1967年2月、経堂）

日本専売公社足柄工場から譲受したB型凸電。本来の業務を終えたあとは相模大野の工場で場内の入換え用として使われた。2002年に廃車されたが、小田急最後の電機となっていた。（1968年8月、相模大野工場）

２艇のパンタグラフをかざして走るED1031。わが国の初期の電気機関車の姿を表わしている。最後尾にはちゃんとトフがつながっているがワムなどが中心の一般貨物列車だ。（1964年10月、千歳船橋付近？）

デキ1020型、ED1021。側面の丸窓が特徴のB-B電機。川崎造船所製の古豪である。1960年代末に岳南鉄道に転出した。（1965年1月、千歳船橋付近）

1020型電気機関車がトフを1輌だけの貨物列車の先頭に立ってやってきた。（1967年6月、新松田駅）

「トフ」のこと

　それにしても、小田急の貨物列車というと最後部の「トフ」を語らずして済ますわけにはいくまい。私鉄の貨車としては異例にも模型製品になっているくらいだ。無蓋車がつづいた最後にトフというのはまさしく「決まり」のシーンだが、小田原側の一般貨物でも、国鉄から乗入れのワムなどの最後尾にトフというような編成だったというから、小田急らしさが極まれり、というところだろう。トフ100型14輌、トフ120型6輌が存在した。ほかに無蓋車トム、有蓋車スム、ワフなど、また長もの車やホッパー車もあった。

或る意味小田急のシンボルともいえる「トフ」。相模大野工場の構内でトフ101と102を観察した。無害部の端面は鋼板になっていた。狭い車掌室にトルペード形ヴェンティレイターがいい感じだ。トフ100型は全部で14輌があった。（1968年8月、相模大野工場）

トフ100型のトップナンバー、トフ101。それにしても、車掌室のサイズが絶妙で、模型にしたくなるひとつだ。(1968年8月、相模大野工場)

トフ102の足まわり。シュウ式の軸受で、左側に車掌室のステップが見える。(1968年8月、相模大野工場)

無蓋車トム701というナンバーだが、型式はトム690だ。1930年、新潟鉄工所製で、30輌もがつくられ、砂利運搬に活躍した。(1968年8月、相模大野工場)

思い出の一枚

微かに記憶のなかにある東北沢の側線。停まっている車輌も得体がしれない。基本トフだと思われるが、車掌室が拡大され、妻面に窓が設けられ、なんと前照灯まで付けられている。クリーニングやの洗濯物とスバル360に目がいく。（1964年8月、東北沢付近）

こんなまともな（？）有蓋緩急車もあった。1927年につくられた鉄製貨車だが、やはり個性ではトフには叶わない。トルペード形ヴェンティレイターが面白い。1970年には廃車になってしまった。（1968年8月、相模大野工場）

小田急の貨物列車の最後尾には、やはりトフがなくては…。（1961年10月、経堂付近）

小田急電鉄　デキ1030型 電気機関車

1031　　1輌

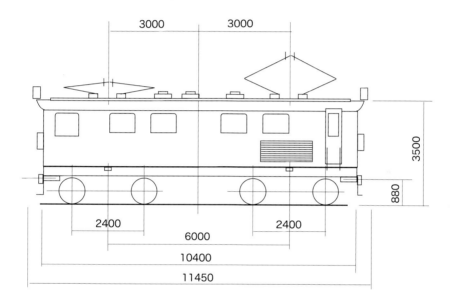

製造初年　………　昭和5年
製造所　………　日本車輌
改造年　………　昭和35年

自重　………　50.0 t
電動機　………　TDK-564A × 4
　　　　　　　　（ツリカケ式）
容量　1時間定格出力　………　522.2 kW
　　　1時間定格引張力　………　7400 kg
　　　1時間定格速度　………　26.0 km/h

デト1

　小学生のころからオトナの「鉄道模型趣味」誌を眺めていた。そこに書かれていることばは難しくて解らないことも多かったけれど、「大学教授も夢中になる趣味」として鉄道の趣味があることを、うっすらと理解したりしたのだった。正確には解らないけれど、なんとなくニュアンスを感じていたことばに「ゲテモノ」があった。

　前後して、小田急の経堂車庫に出掛けたときである。奥の方からやってきたのは、得体の知れない不思議な車輌であった。なんの知識もない幼気な少年の前に、こんな「ゲテゲテ」の車輌。それこそ子供に見せていいのだろうか、といいたくなるような、それがデト1であった。目の前を往復して、躙口（にじりぐち）のような小さな扉が開いて、そこからひとが降りて来たように憶えているのだが、いまとなっては確信はない。二色塗り分けも独特で、興味深いものであった。

　その後、デト1は1960年代早々には相模大野工場に移っている。若干の改造を受け、カーマインの車体に「安全十字」のマークを付けた姿の写真は見掛けるものの、そのむかしの姿を完全に思い起こすことはできないままでいる。模型でかっちり再現…できたら面白いだろうに。

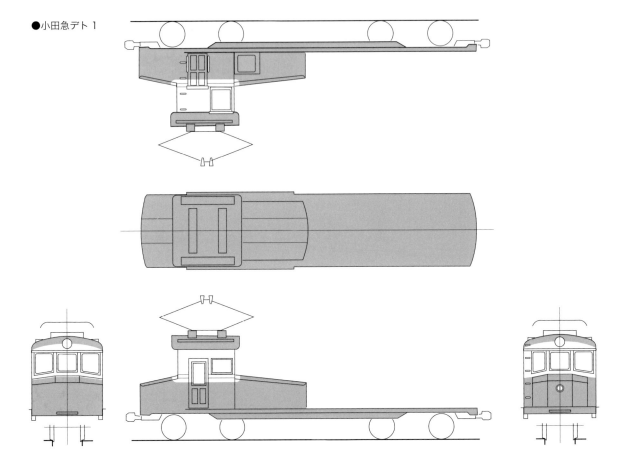

●小田急デト1

経堂車庫で遭遇したデト1。夕暮れ時のこと、なんとも心許ない写真なのではあるが、遭遇した時のインパクトはいまだ大きなものとして残っている。こうとなっては模型で再現するしかないのだろうか。（1962年4月、経堂車庫）

経堂駅のホームの端には工場に行くための踏切もあった。(1962年4月、経堂車庫)

独特の塗り分けといわず、スタイリングといわず、まさしく「ゲテモノ」の最右翼。(1962年4月、経堂車庫)

後に経堂の車庫、検車区などが覗ける。どうやら運転手は横向きに座っているようだ。(1962年4月、経堂車庫)

アイヴォリイにブルウの帯、車体下方がすぼまった幅広ボディ。当時新車だった5000系も、いまではお目に掛かれない。（1969年12月、千歳船橋付近）

四半世紀振りに小田急電車にカメラを向けた。線路周辺の環境は大きく変わり、電車の姿をきっちり見ることすらままならなかった。やってきた特急「VSE車」50000系も、小田急風な印象は薄かった。やはり、1960年代は佳き時代だったんだなあ。
（2005年5月、成城学園前付近）

終章

「小田急車輛　憶え書き1960s」というのが、小生の提案した書名であった。小学生だったころから沿線に住む友人が多かったこともあって、よく線路端に立ったものである。鉄道好き、模型好きの友人とは、小田急線電車の贔屓合戦をした。見た車輌の番号をチェックし、それぞれの感想などを書き留めたところから、「憶え書き」の素地がつくられたといえる。

いつだったか、それこそ四半世紀振りに小田急線の線路端に立ったことがある。たまたま友人の編集者に頼まれて、当時最新の「VSE」50000系電車を撮りに行ったのだった。それとて思い返してみれば10年以上前のこと。かつて子供の頃の名撮影地だった場所は、ことごとく失せていた。すでに多くの部分は高架、復々線化などが完成しており、駅も高架上であったり地下に潜ってしまっていたりした。車輌の方も、大量輸送に適した大型高性能車に統一され、かつての個性的な小田急電車の面影はほとんど残っていなかった。特急ロマンスカーにしたって、ドイツICEと見まがうような…。

序章でも述べた通りモーシワケナイけれど、小生は鉄道に勤めたこともなければ、その道の専門家ではない。ただ、機械工学科出で、メカものに興味はあったし（その分、目に見えないエレキは毛嫌ってしまうほどだが）、スタイリングに対する好奇心は人一倍である。

そんなことよりも、ほとんど物心ついたときからの鉄道好きで、それをいま以って継続していることが、本書の原動力になった。そう、趣味的に見た鉄道車輌のあれこれをまとめてみたかったのだ。決して、車輌スペックと歴史をきっちりと記録した「カタログ」ではない、趣味の仲間と話しているような話題を中心に、ちょっとばかり勉強して得た知識などをまとめた一冊をつくりたい、と欲した。

小田急で小学校に通っていた友人がいう。「いや、同じ1700って電車でも、ひとつ（一編成）だけヘッドライトのところが流線型になっているのがあってさ、あれに乗りたくて、電車をやり過ごしたりして待ったんだぜ」「いや、僕は前ロマンスカーだったヤツがさ急行用になって（格下げ）、湘南電車みたいな顔してて、あれがよかったなあ」鉄道の熱心家というのではない友人たちでも、けっこう記憶のなかの小田急電車は、強いインパクトを残しているようだ。まさしくそんな時代に撮った写真は、画質よりもそこに写り込んでいる車輌が貴重だったりする。昔むかしの写真を引張り出し、絵を描いたり、締切りさえなければ楽しい作業に終始した。

ちょっと懐かしい、佳き時代を思い起こすむかし話の「肴」にすることができたら…若かりし頃憧れた鉄道シーンは、いまでも新鮮だ。もちろん、若いファンのひとにはかつての佳き時代を知ってもらうきっかけになったら嬉しい。そんなことを願いつつハードワークをこなした。その、疲れ果てた頭でぼんやりと実感したのは、つくづく鉄道が好きなんだなあ、ということであった。

いのうえ・こーいち

いのうえ・こーいち

鉄道(とりわけ蒸気機関車)をはじめとして、乗り物全般を愛好する。日本のみならず、欧米の多くの同好の士とも交流があり、旧き佳き時代の鉄道文化を後世に伝えることにも力を注いでいる。日本写真家協会(JPS)、日本写真作家協会(JPA)会員。著書に『図解国鉄蒸気機関車全史』(JTBパブリッシング)、『国鉄蒸気機関区』(世界文化社)他多数。また『働くじどうしゃ』(講談社)、『小学館こども大百科』『新版はたらくのりもの』『はやいぞ特急電車』『あたらしい自動車図鑑』(小学館)、『はたらくじどう車図鑑』(チャイルド本社)等を監修。

小田急線（おだきゅうせん）
1960年代の記録（ねんだいのきろく）

発行日 ……………… 2019年8月20日 第1刷 ※定価はカバーに表示してあります。

著者 ………………… いのうえ・こーいち
発行者 ……………… 春日俊一
発行所 ……………… 株式会社アルファベータブックス
　　　　　　　　　　〒102-0072　東京都千代田区飯田橋 2-14-5　定谷ビル
　　　　　　　　　　TEL. 03-3239-1850　FAX.03-3239-1851
　　　　　　　　　　http://ab-books.hondana.jp/

編集協力 …………… 株式会社フォト・パブリッシング
デザイン・DTP …… 柏倉栄治
印刷・製本 ………… モリモト印刷株式会社

ISBN978-4-86598-852-9 C0026
なお、無断でのコピー・スキャン・デジタル化等の複製は著作権法上での例外を除き、著作権法違反となります。